国学经典有话对你说系列

小窗幽记

为人处世格言书

姜越 编著

国学经典

中国书籍出版社

图书在版编目(CIP)数据

小窗幽记:为人处世格言书 / 姜越编著.
--北京:中国书籍出版社,2019.7
ISBN 978-7-5068-7389-5

Ⅰ.①小… Ⅱ.①姜… Ⅲ.①人生哲学—中国—明代
Ⅳ.①B825

中国版本图书馆CIP数据核字(2019)第156581号

小窗幽记:为人处世格言书

姜越 编著

责任编辑	逦 薇
责任印制	孙马飞 马 芝
封面设计	侯 泰
出版发行	中国书籍出版社
地 址	北京市丰台区三路居路97号(邮编:100073)
电 话	(010)52257143(总编室) (010)52257140(发行部)
电子邮箱	eo@chinabp.com.cn
经 销	全国新华书店
印 刷	北京市通州大中印刷厂
开 本	710毫米×1000毫米 1/16
印 张	15
字 数	265千字
版 次	2019年7月第1版 2019年7月第1次印刷
书 号	ISBN 978-7-5068-7389-5
定 价	49.80元

版权所有 翻印必究

前　言

《小窗幽记》是一部融处世哲学、生活艺术、审美情趣于一体的纂辑形式的著作，可谓集晚明清言小品之大成。全书分为醒、情、峭、灵、素、景、韵、奇、绮、豪、法、倩12卷，计1500余条。

《小窗幽记》博采群书，荟萃群言，自先秦至明末，所涵盖的内容，包括中国传统文化中儒、释、道三教和诸子百家的著作，从文体说，凡楚之辞、汉之赋、六朝之骈文、唐之诗、宋之词、元之曲、明人之小说及各种杂著中的警语名言应有尽有，而取明人之作居多，如陈继儒的《岩栖幽事》《安得长者言》，屠隆的《娑罗馆清言》《续娑罗馆清言》《冥寥子游》，吴从先的《小窗自纪》，洪应明的《菜根谭》，李鼎的《偶谈》，陆树声的《避暑清话》，薛瑄的《薛文清公从政录》，张大复的《梅花草堂笔谈》，袁宏道的《瓶史》，曹臣的《舌华录》，吕坤的《呻吟语》，唐寅的《落花诗册》，范立本的《明心宝鉴》，李贽的《焚书》等。其纂辑的方法，或原文照录，或取舍摘抄，或改易翻造。阅读此书，对于领悟人生哲理，增广文史知识，传承中国传统文化，颇有益处。

《小窗幽记》并非全部是作者独创，而大多采用古人今语、格言谚语，在一片庄重古板、拖泥带水的"高文大册"中，便显得有趣而突出，文理兼备，别有风致。我们当然可以吹毛求疵地说哪里太偏激，哪里太迂腐，但清言小品的优势，就在于它能用极精致的语句，透露出人生片面的真理，浮泛出灵光一现的智慧。也因为是片面的真理，所以乍看之下，书中条与条之间便常常有矛盾冲突。如："杀得人者，方能生人；有恩者，必然有怨。若此不阴不阳，随世波靡，肉菩萨出世，于世何补？此生何用？""道上红尘，江中白浪，饶他南面百城。花间明月，松下凉风，输我北窗一枕。"前句豪气干云、快意恩仇，后句恩仇俱泯，相忘于江湖，两相比较，孰是孰非？人生世事，本来就不是和谐而完美的，越矛盾才越像人生。本书的目的，其实也就是要你在矛盾的人生中，找寻一定的准则，在冲突的人事里，学习几种应对进退之法。

　　本书精选《小窗幽记》中的精彩语句，对之进行阐述与评论，使读者能从中汲取为人处世的智慧。

目 录

上篇 《小窗幽记》智慧直播

第一章 吾厚吾德，律己服人

心胸宽广不以个人得失为主，重公轻私，谓之厚德。帮助别人要求回报，叫作交易。帮助别人不要求回报，就叫作"德"。如果有很多人得到你的帮助，而你都不要求回报，那就可以称为厚德，就可以称作德高望重了。

安得一服清凉散，人人解醒 …………………………………… 4
澹泊之守，镇定之操 ……………………………………………… 5
市恩不如报德之为厚 ……………………………………………… 6
使人有面前之誉，不若使人无背后之毁 ………………………… 7
天薄我福，吾厚吾德以迎之 ……………………………………… 8
澹泊之士，必为浓艳者所疑 ……………………………………… 9
好丑两得其平，贤愚共受其益 …………………………………… 10
情最难久，故多情人必至寡情 …………………………………… 12
真廉无名，大巧无术 ……………………………………………… 13
厌名利之谭者，未必尽忘名利之情 ……………………………… 14

伏久者，飞必高 ··· 15

天欲祸人，必先以微福骄之 ································· 16

世人破绽处，多从周旋处见 ································· 17

山栖是胜事 ··· 18

轻财聚人，律己服人 ······································· 19

将难放怀一放，则万境宽 ··································· 20

大事难事看担当，逆境顺境看襟度 ························· 21

以我攻人，不如使人自露 ··································· 22

宁为随世之庸愚，勿为欺世之豪杰 ························· 23

习忙可以销福，得谤可以销名 ······························ 24

人之嗜节，当以德消之 ····································· 25

梦里不能张主，泉下安得分明 ······························ 26

人了了不知了，不知了了是了了 ··························· 27

剖去胸中荆棘以便人我往来 ································· 28

居不必无恶邻 ··· 29

君子小人，五更检点 ······································· 30

以道窒欲，则心自清 ······································· 31

第二章　生死老病，云烟影里

真正通达的人，无论富贵贫贱，对生死的态度都是一样的。即使贫贱，也不厌生，因为生命在贫贱之外另有乐趣。即使富贵，也不厌死，因为生命在富贵之中也有疲惫。孔子说："未知生，焉知死。"而既知生，又何畏死呢？

先远后近，交友道也 ······································· 34

形骸非亲，大地亦幻 ······································· 35

寂寂之境不扰，惺惺之念不驰 ······························ 36

童子智少，愈少而愈完 ····································· 37

无事便思有闲杂念头否 ·············· 38
脱一厌字，如释重负 ·············· 39
透得名利关，方是小休歇 ·············· 40
多躁者，必无沉潜之识 ·············· 41
佳思忽来，书能下酒 ·············· 42
生死老病四字关，谁能透过 ·············· 43
真放肆不在饮酒高歌 ·············· 44
人生待足何时足 ·············· 45
明霞可爱，瞬眼而辄空 ·············· 46
虽然不应对，却是得便宜 ·············· 47
有誉于前，不若无毁于后 ·············· 48
无稽之言，是在不听听耳 ·············· 49
风狂雨急立得定，方见脚跟 ·············· 50
议事者身在事外，宜悉利害之情 ·············· 51
贫不足羞，贱不作恶 ·············· 52
彼无望德，此无示恩 ·············· 53

第三章 为情而亡，递泪沾裳

世上能以慈悲筏渡过相思海者又有几人？人人都愿有情人执恩爱梯，弃离恨天。然而，情因虽重，情缘难遇，终不免含恨而别。但思情至怨，不如无情，情而至死，更当逐之。

虽盟在海棠，终是陌路萧郎 ·············· 56
缩不尽相思地，补不完离恨天 ·············· 57
枕边梦去心亦去 ·············· 58
幸在不痴不慧中 ·············· 59
花柳深藏淑女居 ·············· 60
天若有情天亦老 ·············· 61

吴妖小玉飞作烟	62
几条杨柳，沾来多少啼痕	63
弄柳拈花，尽是销魂之处	64
豆蔻不消心上恨	65
截住巫山不放云	66
那忍重看娃鬓绿	67
千古空闺之感，顿令薄幸惊魂	68
良缘易合，知己难投	69
蝶憩香风，尚多芳梦	70
无端饮却相思水	71
多情成恋，薄命何嗟	72
虚窗夜朗，明月不减故人	73
初弹如珠后如缕	74

第四章　勇于担当，脚踏实地

脚踏实地，才能稳稳地迈向未来，勇于担当，才会达到理想的高度。人生的漫漫征程需要我们用奋斗去闯荡，去拼搏。像老鹰一样搏击长空，开拓属于自己的天空。勇于担当追求，可以使我们进步发展，使我们的人生充实而美好；脚踏实地，不盲从，我们的理想才能成为现实。敢于担当，脚踏实地，就能创造了别样的辉煌。

封疆缩地，中庭歌舞犹喧	76
士不晓廉耻，衣冠狗彘	77
君子宁以风霜自挟，毋为鱼鸟亲人	78
仕夫贪财好货，乃有爵之乞丐	79
一失脚为千古恨	80
圣贤不白之衷，托之日月	81
士大夫爱钱，书香化为铜臭	82

心为形役，尘世马牛 …………………………………………… 83
待人留不尽之恩，可维系无厌之人心 ………………………… 84
宇宙内事，要担当，又要善摆脱 ……………………………… 85
任他极有见识，看得假认不得真 ……………………………… 86
量晴较雨，弄月嘲风 …………………………………………… 87
放得仙佛心下，方名为得道 …………………………………… 88
执拗者福轻，操切者寿夭 ……………………………………… 89
达人撒手悬崖，俗子沉舟苦海 ………………………………… 90
身世浮名余以梦蝶视之 ………………………………………… 91
有百折不回之真心，才有万变不穷之妙用 …………………… 92
立业建功，要从实地着脚 ……………………………………… 93
有段兢业的心思，又要有段潇洒的趣味 ……………………… 94
无事如有事，时提防 …………………………………………… 95
穷通之境未遭，主持之局已定 ………………………………… 96
枝头秋叶，将落犹然恋树 ……………………………………… 97

第五章　厚德君子，自立天下

　　智慧总是与谦虚相连，哲人的胸怀必然像大海一样宽广。浅薄的忌恨和无知的轻蔑都是既不尊重自己，也不尊重别人的表现。人们常说，播下行为的种子，你就会收获习惯；播下习惯的种子，你就会收获性格；播下性格的种子，你就会收获一定的命运。

刚强，终不胜柔弱 ……………………………………………… 100
声应气求之夫 …………………………………………………… 101
才智英敏者，宜以学问摄其躁 ………………………………… 102
居轩冕之中，有山林气味 ……………………………………… 103
少言语以当贵，多著述以当富 ………………………………… 104
要做男子，须负刚肠 …………………………………………… 105

烦恼场空，身住清凉世界	106
斜阳树下，闲随老衲清谭	107
宁为真士夫，不为假道学	108
觑破兴衰究竟，人我得失冰消	109
名山乏侣，不解壁上芒鞋	110
是技皆可成名天下	111
乘桴浮海，雪浪里群傍闲鸥	112
宁为薄幸狂夫，不作厚颜君子	113
魑魅满前，笑著阮家无鬼论	114
至音不合众听，故伯牙绝弦	115
世人白昼寐语	116
拨开世上尘氛	117
才子安心草舍者，足登玉堂	118
喜传语者，不可与语	119
昨日之非不可留	120
炫奇之疾，医以平易	121
人常想病时，则尘心便减	122
恩爱吾之仇也，富贵身之累也	123
人生有书可读，享世间清福	124
古之人，今之人	125
己情不可纵，人情不可拂	126
人言天不禁人富贵	127
观世态之极幻	128
贫士肯济人，才是性天中惠泽	129
了心自了事，逃世不逃名	130
自悟了了了，自得之休休	131
豪杰向简淡中求	132
浇花种树，亦是道人之魔障	133

第六章　破除烦恼，尽心利济

烦恼就像一只蜘蛛一样，在给自己编织一张网，这张网就是烦恼网，你的烦恼越多，编织的这张网就越大，如果把烦恼全部放在身边，编织的这张网就越大，失去的本性就越多，所以不要把自己的烦恼，像蜘蛛一样，在心中编织一张网。如果你不把烦恼放在心上，就不会有烦恼。

天下有一言之微	136
人生三乐	137
眼里无点灰尘，方可读书千卷	138
不作风波于世上	139
无事而忧，便是一座活地狱	140
必出世者，方能入世	141
人有一字不识，而多诗意	142
眉上几分愁，且去观棋酌酒	143
调性之法	144
好香用以熏德	145
人生莫如闲，太闲反生恶业	146
胸中有灵丹一粒	147
无端妖冶，终成泉下骷髅	148
才人之行多放	149
闻人善，闻人恶	150
能脱俗便是奇，不合污便是清	151
士君子尽心利济	152
读史要耐讹字	153
声色娱情，何若净几明窗	154
闲得一刻，即为一刻之乐	155
兴来醉倒落花前	156
如今休去便休去	157

意亦甚适，梦亦同趣	158
犬吠鸡鸣，恍似云中世界	159
异士未必在山泽	160
天下可爱的人，都是可怜人	161
事有急之不白者	162
人只把不如我者较量	163
俭为贤德	164
唤醒梦中之梦，窥见身外之身	165

下篇 《小窗幽记》深度报道

第一章 唤醒自己，领略人生真谛

人生漫长，岔路口太多，难免会误入歧途，遭受苦难。如果不幸陷入这样的困境，那么自救的办法就是要唤醒自己。不要放任自己在痛苦的深渊里继续下坠，而要认清当前的形势，认清自己真正的追求，相信命运是掌握在自己手中的，对未来充满希望，才有可能"柳暗花明又一村"，回到人生道路的正轨，使自己的生命攀上高峰。

醉酒与解醒	170
淡泊与镇定	172
市恩与要誉	174
毁誉与欢厌	176
疑忌与观察	178
好丑与贤愚	180
真廉与大巧	181
山林与名利	183
伏久与开先	185

第二章　不为一切艰难所束缚

对于每个人来说，一生不可能是一帆风顺的，随时都可能遭遇各种各样的艰难困苦。面对艰难，面对不幸，我们所要做的不是怨天尤人、自暴自弃，而应该不断捕捉生存智慧，学会勇敢和坚强。要知道，上帝永远是公平的。等到有你真正将自己打磨成一块金子的那一天，任何人都掩不住你灿烂夺目的光辉。

破绽与艰难 …………………………………………………… 188
成功与失败 …………………………………………………… 189
识迷与放怀 …………………………………………………… 192
担当襟度与涵养识见 ………………………………………… 193
良心与真情 …………………………………………………… 195
庸愚与豪杰 …………………………………………………… 196
清福与清名 …………………………………………………… 197
嗜好与养德 …………………………………………………… 199

第三章　树立正确的人生观

我们不停地在学习和认识世界，目的就是要有一个正确的人生观和世界观。观察人生和世界的角度改变了，人生和世界在我们的感觉里便成了另一种样子。

荆棘与人我 …………………………………………………… 202
恶邻与损友 …………………………………………………… 203
君子与小人 …………………………………………………… 204
听言与窒欲 …………………………………………………… 206
寂寂与惺惺 …………………………………………………… 207
童子与成人 …………………………………………………… 208

第四章　做个懂得生活的人

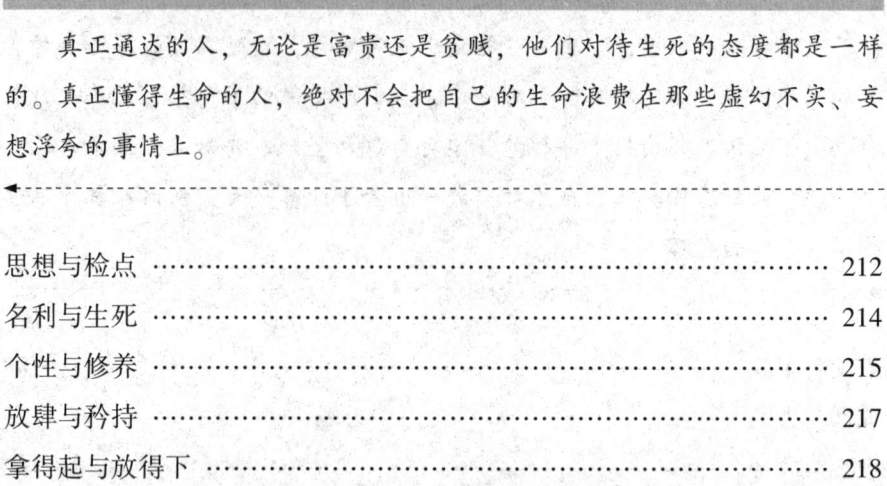

真正通达的人，无论是富贵还是贫贱，他们对待生死的态度都是一样的。真正懂得生命的人，绝对不会把自己的生命浪费在那些虚幻不实、妄想浮夸的事情上。

思想与检点 ………………………………………… 212
名利与生死 ………………………………………… 214
个性与修养 ………………………………………… 215
放肆与矜持 ………………………………………… 217
拿得起与放得下 …………………………………… 218

参考文献 ………………………………………… 222

后　　记 ………………………………………… 223

上篇　《小窗幽记》智慧直播

第一章
吾厚吾德，律己服人

心胸宽广不以个人得失为主，重公轻私，谓之厚德。帮助别人要求回报，叫作交易。帮助别人不要求回报，就叫作"德"。如果有很多人得到你的帮助，而你都不要求回报，那就可以称为厚德，就可以称作德高望重了。

安得一服清凉散，人人解醒

◎ 我是主持人

　　酒醉的人，只要给他喝下"醒酒汤"就能清醒，然而，在名利声色中沉醉的人，要如何唤醒他呢？有什么样的清凉剂能唤醒心的迷醉？也许只有清醒人留下的清醒语吧！在醉梦中做的事都是纷乱的、幻影的，只有醒来才能做一些真实的事，因此，"醒"是第一要务，唯有醒了，生命才可贵，天地宇宙才真实。

◎ 原文

　　醒食中山之酒，一醉千日，今之昏昏逐逐，无一日不醉。趋名者醉于朝，趋利者醉于野，豪者醉于声色车马。安得一服清凉散，人人解醒。

◎ 译文

　　饮了中山人狄希酿造的酒，可以一醉千日。今日世人迷于俗情世务，终日追逐声色名利，可以说没有一日不在醉乡。好名的人醉于朝廷官位，好利的人醉于民间财富，豪富的人则醉于妙声、美色、高车、名马。如何才能获得一剂清凉的药，使人人服下获得清醒呢？

◎ 直播课堂

　　饮了中山酒，要醉上千日，千日之后，还有醒时。而能使世人浑浑噩噩，一生犹不醒的，无非是以名利作曲、以声色为水，所酿出来的欲望之酒。这种酒初饮时心已昏醉，不知身在何处。再饮之后因渴而求，求而越渴，渴而越求，终至一生性命与之，而不复醒。此时若问"心在何处？"心已失落在名利声色之中；若问："身在何处？"身已追逐幻影而不止歇。中山酒只能醉人千日，千日之中不能自主；欲望之酒可以醉人一生，一生之中不能自主，但世上有很多为此至死而不醒的人。

澹泊之守，镇定之操

◎ **我是主持人**

莲花被人视为纯洁的象征，是因为它出污泥而不染。一个人心境的淡泊，亦是如此，真正的恬淡不是未经历过世事的空白，而是经历任何声色豪富的境遇，都能不着痕迹于心。

◎ **原文**

澹泊之守，须从浓艳场中试来；镇定之操，还向纷纭境上勘过。

◎ **译文**

淡泊清静的操守，必须在声色富贵的场合中才试得出来。镇静安定的志节，要在纷纷扰扰的闹境中考验过，才是真功夫。

◎ **直播课堂**

有的人在贫穷中守得住，在富贵中却守不住；有的人在富贵中守得住，在贫穷中却守不住。能够淡泊，就是不贪浓艳之境，而这淡泊之心，有的人是从修养中得来，也有的人是天性如此。

"定"是不动摇的意思，世间的五光十色，惊声软语，足以诱动心志

的事物实在太多，而身处尘世能不动摇的又有几人？大多数人在名利中动摇，在身心的利害中动摇。泰山是不动摇的，但泰山崩于前，却不能不动摇。动摇的人是受环境的牵动，环境要他向东，他便不能向西。不动摇的人是不为环境所动的，反之，环境将以他为轴心而转动。在紊乱的环境中能保持安定的心境，才能掌握自己的方向。

市恩不如报德之为厚

◎ 我是主持人

做人只要真实，保有一己的人格就够了，何必做些假象，不但弄得自己不自在，久而久之，别人也不会信任你。所谓"真"，就是出于"诚"，做人要出于诚意，凡是不出于诚意的表现，就是矫揉造作。

◎ 原文

市恩不如报德之为厚，要誉不如逃名之为适，矫情不如直节之为真。

◎ 译文

给予他人恩惠，不如报答他人的恩德来得厚道。索取好的名声，不如逃避名声来得自适。故意违背常情以自命清高，不如坦直地做人来得真实。

◎ 直播课堂

故示他人恩惠以取悦对方称为"市恩"，有买卖的意思，因此，"市恩"大部分是怀有目的的，或者是安抚，或者是冀望有所回报，这和买卖并无不同,恩中既无情义,也不足以令人感谢。但是,无论是市恩,或是出于诚意的恩惠,总以回报为上。一个人一生承受自他人的恩德不在少数,报之犹恐未及,岂有时间故示他人恩惠呢?所以,市恩不如报德为厚。而最大的报德在于以德报之,不在于报惠。

所谓盛名累人,人人都想获得名声,并以此为荣,殊不知名声只是一种空洞的声音,虽能满足某些虚荣感,无形中却会成为一种束缚人的东西。许多知名人士,言行举止战战兢兢,便是最好的例子,倒不如逃名来得逍遥自在,免除心理上的负担。

使人有面前之誉,不若使人无背后之毁

◎ 我是主持人

人们在初相识时总是充满着一份好奇感和新鲜感,因彼此的契合而欢喜,然而这时的交往就个人而言,不过是冰山尖端的互望而已。正是由于人们在初见面时不会把自己的缺点暴露出来,所以彼此见到的往往只是好的一面,因此,第一印象远较平日来得完美。但是,日久见人性,一旦新鲜感消失,最初的美好感也会因为缺点的增加和距离的拉长而改变。

◎ 原文

使人有面前之誉,不若使人无背后之毁;使人有乍交之欢,不若使人无久处之厌。

◎ 译文

要他人当面赞誉自己,倒不如要他人不要在背后毁谤自己;令对方对自己产生初交的欢喜，倒不如相交久了而不会令对方产生厌恶感。

◎ **直播课堂**

　　人多是虚伪客套的，要让他人当面赞美自己并不困难，而要他人背后不批评自己，却不是容易的事。即使一方有不对的地方，由于碍于情面，或是利害关系，鲜有人愿意撕破脸，当面指责对方的。在背后就不同了，要他人不骂自己，除非自己不犯错，没有可被人评议之处才能勉强做到。因此，面前之誉并不表示自己做人成功，背后之誉才算成功。背后之誉远不算完美，背后无毁更为难得。

　　事实上，最初的亲近和欢欣经常只是幻象，必然会遭到破灭。交往长久后的亲切才是真正的亲切，因为那时彼此的整个缺点都已被了解和接受，所以，双方能以完整的人格交往，此时的欢喜才是真正的欢喜。"使人有乍交之欢，不若使人无久处之厌。"因此，我们不要在与人初见时就掩藏自己，只以好面目与人交往，这样才不会使人日后有感到不实在的厌恶感。

天薄我福，吾厚吾德以迎之

◎ **我是主持人**

　　人的际遇无常，困厄在所难免，此时不可灰心丧志，不如充实自己的学问，扩充自己的心胸和道德。困厄的产生，往往是自己能力不够的缘故，若能抱如是想，必能在一种宽阔的心境下将困厄突破或解决，即使不能解决，但有开阔的心胸和通达的道德，至少内心不会因此而沮丧。

◎ 原文

　　天薄我福，吾厚吾德以迎之；天劳我形，吾逸吾心以补之；天厄我遇，吾亨吾道以通之。

◎ 译文

　　命运使我的福分淡薄，我便增加我的品德来面对它；命运使我的形体劳苦，我便安乐我的心来弥补它；命运使我的际遇困窘，我便扩充我的道德使它通达。

◎ 直播课堂

　　福分薄，是指外在的物质环境不丰厚，或者生命的外缘常有缺憾，如果内心没有深厚的修养，往往要怨天尤人，感到不满足。相反地，深厚的心灵修养能使人安然自适，将一切驱出脑际。有时命运会使我们的形体十分劳苦，倘若我们的心也跟着紧张，那真是要身心俱疲了。形体的疲劳并不能使心灵疲劳，如果心处在轻松甚至快乐的境界中，那么，即使形体再劳苦，心情还是愉快的。

澹泊之士，必为秾艳者所疑

◎ 我是主持人

　　一个人会走到穷途末路，要回溯到他最初的发心，和整个过程中用心的转变。有许多原本成功的人，后来失败了，就是在成功之后用心有了转变，或是最初发心时便已埋下失败的种子。

◎ 原文

澹泊之士，必为秾艳者所疑；检饰之人，必为放肆者所忌。事穷势蹙之人，当原其初心；功成行满之士，要观其末路。

◎ 译文

恬静寡欲的人，必定为豪华奢侈的人所怀疑；谨慎而检点的人，必定被行为放肆的人所忌恨。一个人到了穷途末路，我们应看他当初的本心如何；一切功成名就的人，我们要看他以后要怎么继续下去。

◎ 直播课堂

过惯豪华奢侈生活的人，并不相信有人能过淡泊的生活，认为甘于淡泊是沽名钓誉，非出于本心。吃惯肉的人绝不知菜根的香甜，所以他们不免要加以怀疑。行为放肆的人，常要忌恨那些言行谨慎的人，因为这些人使他不能自在，使得他的放肆有了对照，而令人大起反感。

一件事情的历久不衰与一个人的成功，无非是行其可行而不倒行逆施，加上长久的努力不懈。若是最初心意便不正确，或是成功后改变原有的精勤，那么，即使一时成功，也无法持久，终将走到事穷势蹙的地步。一个现时十分成功的人，我们也要如此地告诫他：得意不可忘形，上至峰顶还要顺路下至山谷，才不至于困在山顶，或跌得鼻青脸肿。

好丑两得其平，贤愚共受其益

◎ 我是主持人

处世应当心中明白而外表浑厚，所谓心中明白，就是知道人事的缺失，而外表浑厚，则是悉数接纳，使贤而骄者谦之，愚而卑者明之，各获其利。就像阳光之化育万物，既照园中牡丹，也照原野小草，使两者皆欣欣向荣，这才是上天的好生之德。

◎ 原文

好丑心太明，则物不契；贤愚心太明，则人不亲。须是内精明，而外浑厚，使好丑两得其平，贤愚共受其益，才是生成的德量。

◎ 译文

分别美丑的心太过明确，则无法与事物相契合；分别贤愚的心太过清楚，则无法与人相亲近。内心应该明白人事的善处与缺失，处事却要仁厚相待，使美丑两方都能得到平等，贤愚都能受到益处，这才是上天生育我们的德意和心量。

◎ 直播课堂

美丑并无一定的标准，主要要靠个人的喜好而定。如果对事物美丑太过挑剔，则世上没有几件事让我们能够接受。老子说："天下皆知美之为美，斯恶矣。"善恶美丑原是相对的，如果执著于自己所相信的美，而不能接受整个世界的本有现象，那便是"与物不契"。相似的，贤愚之分也是如此，孔子教人不分愚贤不肖，倘若只接受贤者，而摒弃愚者，岂不是使贤者越贤而愚者越愚了吗？普天之下又有几人能成为他人眼中的贤者？尚贤弃愚，难怪要与大多数人不亲近了。

情最难久，故多情人必至寡情

◎ 我是主持人

　　任性并非放肆，而是反观本性而顺随之。人性在未受外界诱惑之前，原是天真淳朴、自由快乐的。然而，因为种种物欲名利的牵连，知识的分割，很容易便会受到蒙蔽。但这种天性并未失去，在人摆脱物累，忘却烦恼时，又会鲜明呈现出来。因此，率性而为的人仍不失人的本性，而放肆于美酒声色的人，却恋物而迷失了本性。

◎ 原文

　　情最难久，故多情人必至寡情；性自有常，故任性人终不失性。

◎ 译文

　　情爱最难保持长久，所以情感丰富的人终会变得浅薄无情；天性本有一定的常理，所以率性而为的人终不会失去他的天性。

◎ 直播课堂

　　"情到深处情转薄"，一方面是因为情爱甚苦，一方面是因为情爱难久。情是一种执著，因此不得必苦；情又是一种难以捉摸的思念，因此掌握甚难，再加上生命短暂，环境多变，见人不见心，见心不见人。能由情爱之中得到短暂欢乐的人毕竟只是少数，而无常迅速，至亲至爱也敌不过生死的摧残。所以，多情之人在备尝捉弄之后，多半要远离情感，而变得寡情了。

真廉无名，大巧无术

◎ 我是主持人

一术对一事，此巧不可对彼事，因此，用术之人若为术所困，这个时候，巧术便成了拙术。真正的巧在来时不立，立而不滞，这样才能应万物而生其术，不因一术而碍万物。所以说大巧无术，要能兵来将挡，若是滞于术之为用，一旦事出突然，便毫无办法了。

◎ 原文

真廉无廉名，立名者，所以为贪。大巧无术，用术者，所以为拙。

◎ 译文

真正的廉洁是扬弃廉洁的名声，凡是以廉洁自我标榜的人，无非是为了一个"贪"字。最大的巧妙是不使用任何方法，凡是运用种种方法的人不免是笨拙的。

◎ 直播课堂

为廉洁而立名，虽不贪利，却是贪名。这和许多人做了好事一定要把名字公布出来是一样的，无非为了博取一个"善"字而已。其实，廉洁原是本分，由于有贪官污吏的存在，才使廉洁成了难得的事。廉洁能为世人称道，是因其难得，若是当官的都能廉洁，廉洁成了稀松平常的事，又何必为此而立名呢？

厌名利之谭者，未必尽忘名利之情

◎ **我是主持人**

有许多事情，表面和事实往往相差甚远。就如好谈山林之乐的人，总以久处尘嚣中的人居多，真正了解山林之趣的人，早已身处其境而不返了。有许多乐趣，是言语所不能道尽的，世人挂在口头以为风雅的，又岂能得到其中的真趣？能谈的不过是耳闻目见的事罢了，那些耳不闻目不见的事就无从说起了。

◎ **原文**

谭山林之乐者，未必真得山林之趣；厌名利之谭者，未必尽忘名利之情。

◎ **译文**

好谈山居生活之乐的人，未必真能由山林原野中得到乐趣；好在口头作厌恶名利之论的人，未必真能将名利完全忘却。

◎ **直播课堂**

好作厌名利之论的人，内心不会放下清高之名，这种人虽然较之在名利场中追逐的人高明，却未必尽忘名利。因为这些人形虽放下而心未放下，口是而心非。名利犹如赌博，是以全部身心为筹码，去换取空无一物的东西。但名利本身并无过错，错在人为名利而起纷争，错在人为名利而忘却生命的本质，错在人为名利而伤情害义。就如酒，浅尝即可，过之则醉。然而普天之下又有几人饮下此酒而不醉？即使是反对名利之人，到底是反对名利本身呢，还是反对人对名利的迷恋呢？如果本身已完全对名利不动心，自然能够不受名利的影响。

伏久者，飞必高

◎ 我是主持人

任何事物都有一定的准则，在长久的潜伏下，已将内涵历练得充实饱满，一旦表现出来，必定充沛淋漓，而能"不飞则已，一飞冲天"。如果没有这些长久的潜伏，又何能"飞必高"呢？

◎ 原文

伏久者，飞必高；开先者，谢独早。

◎ 译文

伏藏甚久的事物，一旦显露出来，必定飞黄腾达；太早开发的事物，往往也会很快结束。

◎ 直播课堂

"开先者，谢独早"，也是很合理的，因为太早开发，各方面无法配合，自然很快就竭尽力量而凋萎。"小时了了，大未必佳。"就是因为太早开发，不到中年便成了平庸的人。倒是那些年轻时默默无闻的人，在岁月中不断储备实力，而终晚成大器。生命之经验和宝藏的开发也是如此，就像一坛酒一样，越陈越香，要让它在岁月中酝酿、成熟，才会是一坛好酒。

天欲祸人，必先以微福骄之

◎ 我是主持人

老子说："祸兮福之所倚，福兮祸之所伏。"又说："将欲歙之，必固张之；将欲弱之，必固强之；将欲废之，必固举之；将欲夺之，必固与之；是谓微明。"天道尚且如此，何况人事。

◎ 原文

天欲祸人，必先以微福骄之，要看他会受。天欲福人，必先以微祸儆之，要看他会救。

◎ 译文

天要降祸给一个人，必定先降下一些福分使他起骄慢之心，目的要看他是否懂得承受的道理。天要降福给一个人，必定先降下一些祸事来使他引起警觉，主要是看他有无自救的本领。

◎ 直播课堂

得微福而骄慢，骄慢便是祸根，福本不厚，又以骄慢削之，可见不堪受福，唯有降祸了。骄慢非但天不降福，人也不助其福，因为人人皆厌恶骄慢之人。天宠既失，人和又无，微福必无法维持长久。福尽祸来，不堪受福，又何堪受祸？若得微福而不骄，即使是祸来，心也不惊。受福不骄，受祸不苦，是深明福祸之道，只有不为外物动心的人才能做到。

欲降福而先降祸，是天之善意。不明祸何能降福？一旦福去祸来，又岂能消受得了？先以微祸儆之，若能救助，即使是他日祸来，也能如此救助。达人处祸不忧，居福不骄，知福祸在于一己所为，天意虽然不测，总之在能自救，心则常保泰然。

世人破绽处，多从周旋处见

◎ 我是主持人

人情的艰难，往往在于留恋。贪生者畏死，恋情者畏失。大凡着于何处，何处便难；难舍何处，何处便难。唯有能舍一切难舍，不贪一切可贪的人，才能自由自在行于世间，而不为一切所缚。

◎ 原文

世人破绽处，多从周旋处见；指摘处，多从爱护处见；艰难处，多从贪恋处见。

◎ 译文

世人多在与人交际应酬时，显现出行为上的过失。指责对方，是出于爱护的缘故。而会觉得放不下，则是贪爱留恋所造成。

◎ 直播课堂

好在人情场上作周旋的人，必定在人情场上见过失。交际应酬，本难面面俱到，此处应付得了，他处必定不及应付，即使是八面玲珑的人，也难免落得个虚假油滑之名。何况交多必假，穷于应付，难免虚与委蛇，全天下都是好友，就是圣人也难以做到。周旋到烦人处，恩多反怨，种种嫌

隙生。

　　爱之故而责之，责备是要他好，如果不爱，任他死活，毫不相关，又何必责之。责也有道，要责其堪受，以爱语导之。若是不堪接受，那么爱中生怨，责之又有何效？

山栖是胜事

◎ **我是主持人**

　　山居的本意是要远离尘嚣。如果对山林起了热情，岂不是有违本意吗？每见名山胜景，大兴土木，原味尽失，加上游人缺乏公德，满地果皮纸屑，那么山林又何异于市场？写字绘画，原本是风雅的事，若必以巨金购置名家之作归为己有，则沦为买卖，雅意尽失，成为炫财傲富的事。

◎ **原文**

　　山栖是胜事，稍一萦恋，则亦市朝。书画鉴赏是雅事，稍一贪痴，则亦商贾。诗酒是乐事，稍一曲人，则亦地狱。好客是豁达事，稍一为俗子所扰，则亦苦海。

◎ **译文**

　　山居本是愉快的事，如果起了贪恋，又与俗世有何不同？爱好书画是高雅的行为，但过于无厌，跟商人并无二致。作诗饮酒原是乐事，若是屈从他人，敷衍应付，则如同地狱。好客交友是令心胸舒畅之事，一旦成了俗人喧闹的场所，亦成了苦海。

◎ 直播课堂

作诗饮酒，要起之于兴，发之于情，倘若既无兴致，又无情趣，徒然为了应付而为之，就十分痛苦了。好客亦是如此，可以舒展胸怀，若是来者不拒，喧腾一堂，或者俚曲艳调，吆五喝六，不仅令人头痛，避之犹恐太迟。所以，事不能贪，不能俗，一旦流于贪俗，则与世俗无异，又何来胜事、雅事、乐事和豁达事之分呢？

轻财聚人，律己服人

◎ 我是主持人

任何事情均有其相成之道，在相处方面，则是指做人的态度。财是众人所希求的，如果太重视钱财，而将利益一把抓，他人得不到利益，便会离开你。相反地，将利益与他人共沾，甚至舍弃个人的利益，他人心存感激，自然就不会背叛你，所以说"轻财足以聚人"。

◎ 原文

轻财足以聚人，律己足以服人，量宽足以得人，身先足以率人。

◎ 译文

不看重钱财可以集聚众人，约束自己则可以使众人信服，放宽肚量便会得到他人的帮助，凡事率先去做则可以领导他人。

◎ 直播课堂

自我约束是使人心悦诚服最重要的方法，因为人人心中都有个平等观

念，你能做的事他便能做，如果你不能约束自己，又怎能要他人约束自己。律己甚严，使人心生敬意，自然就肯听从你了。

俗话说："宰相肚里能撑船。"肚里不能撑船，早就下台鞠躬了。肚量狭窄，必然不能容人，也无法得到他人的爱戴和跟从。大厦失去了支柱，岂有不塌之理。因此欲得人才而善用之，首先要有容人的雅量。凡事带头去做，才足以领导他人。因为，事情来时，多数人都是犹疑不定，或者不信任，或者畏惧，如果领导人也如此的话，事情便难办成。反之，能洞察先机，解除疑惑，不畏艰难地去做，那么他人便一扫疑惑，欣然跟随了。

将难放怀一放，则万境宽

◎ 我是主持人
人心牵牵缠缠，天地却始终辽阔。眼前无路往往是心中无路，心中无路则是自己搬来石块挡道，如果将石块拿走，自然万境宽广，诸事顺遂。

◎ 原文
从极迷处识迷，则到处醒；将难放怀一放，则万境宽。

◎ 译文
在最易令人迷惑的地方识破迷惑，那么无处不是清醒的状态；将最难以放下心怀的事放下，那么到处都是宽广的路。

◎ 直播课堂
"迷"就是失去了自己的道路。生命中有许多事情会让我们迷惑，智者在未迷失自己之前就已识破，故而不取；愚者却连一些简单的歧路也不能看出，甚至因此往而不返。人倘若能识破这种虚假，就不会再沉浸其中，可惜人们往往走出这一个迷惑，又会进入另一个迷惑之中。就个人而言，如果最令人沉醉的事物都能一一看破，那么就很少有能让他迷惑的事了，自然就能处处清醒。

　　让人觉得难以放下的，无非是名利、得失和爱憎。难舍名利的人，如果没有名利便觉得呼吸困难，生命不可爱，一旦得到名利又怕失去，仍然觉得呼吸困难，生命难可爱。而心怀憎恨的人眼中看到的人可恨，心中想到的事可恨，连脚下踩的路都会令他生厌，何况是难舍的事。至于情痴爱圣们，则你爱我不爱，我爱你不爱，好不容易两人相爱了，今天吵架，明天冷淡，后天又不得不分离。

大事难事看担当，逆境顺境看襟度

◎ **我是主持人**

　　喜怒最易使人心动而失去正确的判断力，喜要能不得意忘形，怒要能明白事理，所以有涵养的人往往不易为喜怒所动，一方面是真正可以喜怒的事并不多，另一方面也是怕因喜怒而判断错误。

◎ **原文**

　　大事难事看担当，逆境顺境看襟度，临喜临怒看涵养，群行群止看识见。

◎ 译文

　　逢到大事和困难的时候，可以看出一个人担负责任的勇气。遇到逆境的时候，可以看出一个人的胸襟和气度。而逢到喜怒的事时，则可看出一个人的涵养。在与群众同行同止时，也可看出一个人对事物的见解和认识。

◎ 直播课堂

　　一般人遇到自己所不能解决或是无力承担的事时，往往容易采取逃避的态度，或采取自我保护的措施。但若人人都采取这样的态度，岂不是无人来担重任了吗？所以，逢着大事或难事时，便可看出一个人的担当。一个有胸襟气度的人，在面临逆境时不会怨天尤人，他能接受顺境，也能接受逆境，因为他明白世事不可能十全十美，尤其需要人的努力。

　　一般人容易随别人的行止，而和他们做出同样的事，但别人所做的事不一定是对的，真正有见识的人心中自有取舍，而不会盲目地追随。

以我攻人，不如使人自露

◎ 我是主持人

　　真情不在锦衣玉食，而在箪食豆羹，因为锦衣玉食味浓，人心易贪恋而忘情，箪食豆羹味淡，人心不生执著反易流露。就如以酒交友多入昏沉悔恨，以茶交友反见情意长久，道理是相近的。

◎ 原文

　　良心在夜气清明之候，真情在箪食豆羹之间。故以我索人，不如使人自反；以我攻人，不如使人自露。

◎ 译文

在夜晚心境平和的时候，容易看出一个人的真心，而真实的情感在简单的饮食生活中，最能流露出来。因此与其不断去要求人家，不如使其自我反省。与其攻击他人的弱点，不如使其自我坦白错误。

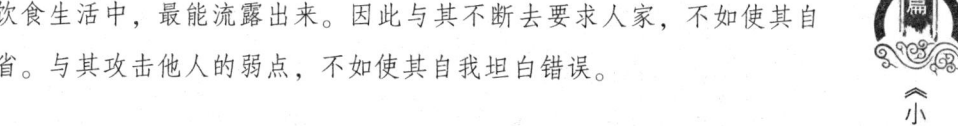

◎ 直播课堂

白日喧扰，无暇静想，人较易依一时的欲念而昧理行事。等到万籁俱寂，一灯独坐，细想一日言行，才觉多有不是，而生惭意。因此，夜气清明时，最容易自我反省。

为了改变一个人的行为而不断去要求他，不但自己疲累，他人也会生厌，倒不如让他自觉其非，才是根治之道。同样地，与其去攻击他人的恶行，使他恼羞成怒，不如使他自惭而向人坦白，才是最好的办法。如此既不会疲累生厌，又不会令人恼羞成怒，不是一举两得的事吗？

宁为随世之庸愚，勿为欺世之豪杰

◎ 我是主持人

大好大恶之人，往往才智高人一等。多见世人死于欺世的豪杰之手，而不见世人死于庸愚之口。才智不足，固不足以为论，而才智匹配的人，如果心术不正，专图一己之利，其才智无非是吃人的工具，如何称得上是豪杰？如王莽、曹操之辈便是。

◎ 原文

宁为随世之庸愚，勿为欺世之豪杰。

◎ 译文

宁可做一个顺应世人、平庸愚笨的人，也不要做一个欺骗世人、才智高超的人。

◎ 直播课堂

豪杰之为豪杰，在于能运用才智造众人之福，否则只能称之为枭雄寇盗，所谓欺世之豪杰，便是就这一类的人而言。

一般人不甘做庸愚，而宁愿做豪杰，无非是为了表现自己，少有发心为众人谋福利的，这样的发心，即使才智足够，难保将来不欺世盗名。倒不如安守平庸，免得贻人口实。豪杰之心甚苦，不能担其苦的不足以为豪杰。庸愚易为，守善随世，又有几人甘心为之？人贵自知而不自限，庸愚之徒与欺世之辈相较，却是大大的豪杰呢！

习忙可以销福，得谤可以销名

◎ 我是主持人

名声是不容易维持的，而且也是累人的事。所谓"匹夫无罪，怀璧其罪"，完美的名声有时也会带来祸害。因此，如果遭到他人毁谤，未尝不是一件好事。因为名声既然受损，就不易遭人嫉妒，而可以摆脱盛名之累，做些自己喜欢的事。

◎ 原文

清福上帝所吝，而习忙可以销福；清名上帝所忌，而得谤可以销名。

◎ 译文

清闲安逸的享受是上天所吝惜给予的，如果使自己习惯于忙碌，则可以减少这种不善的福分；美好的名声是上天所禁忌的，如果受到他人的毁谤，则可以减轻由名声所带来的负担。

◎ 直播课堂

清闲安逸的日子并非是人人都能过的，不仅上天不容许如此，人们也不容许过于清闲的人。人在清闲中容易懒散，逐渐失去生命的活力，甚至生出悲观的思想，这是因为身体闲了，脑子却不得闲。每见一生辛苦的人，一旦退休下来，却不懂得如何排遣生活，过不了几年，就衰老而死。这是上天吝福呢？还是人不堪无聊呢？倘若能够利用这难得的空闲，做些有意义的事，就不至于此了，所以说"习忙可以销福"！

人之嗜节，当以德消之

◎ 我是主持人

嗜名节、嗜文章、嗜游侠原非坏事，嗜名节为的是节操，嗜文章为的是雅意，嗜游侠为的是义气，若没有清楚的认识，往往行之非真，而虚有其名。如果因为一时兴起而去接受它，等到厌倦了，又弃之如敝屣，就完全失去原意了，带来的害处可能比益处还大。

◎ 原文

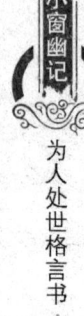

人之嗜节，嗜文章，嗜游侠，如好酒然，易动客气，当以德消之。

◎ 译文

人们爱好声名气节，爱好文章辞藻，爱好行侠仗义的人，就像喜好喝酒一般，容易一时兴起，应该要有道德修养来改变它。

◎ 直播课堂

嗜名节的人可以为名节拼命，嗜文章的人可以为一句辞藻反目成仇，而以游侠自任的人却又打架有余，仗义不足。这些大都是"客气"，也就是不是发自内心的真正喜欢。追根究底，不过是好面子罢了，于自己毫无裨益，更说不上什么有利他人。凡此种种，无非是缺乏道德修养所造成的结果。

梦里不能张主，泉下安得分明

◎ 我是主持人

我们所追逐的一切在永恒的时空看来只是渺小的幻影，因此，在面对死亡的时候，许多事情都可以释怀了。

◎ 原文

眉睫线交，梦里便不能张主；眼光落地，泉下又安得分明。

◎ 译文

双眼闭上，在梦里便不能自作主张。眼光落到地下，想到梦中都不能自主，死后又怎能分明呢？

◎ 直播课堂

人在白日凡事诸多主张，追逐声名美色，争强斗胜。但是夜来，眉睫才一交合，或为虎狼所追逐，或为恶人所包围，或与所爱而分离。即使最亲爱的人，梦中也仿佛对面不识。这与白日的意气风发、事事必以自己为中心大异其趣。然而，白日的自己又何尝是自己的主人，梦中以为真实的，白日不也一样以为真实吗？反倒是梦中的自己，说明了自己的渺小。好梦固然留不得，噩梦也避不去，较之受到种种环境牵制与命运摆布的白日，梦又何尝不是更真实的一面呢？

人了了不知了，不知了了是了了

◎ 我是主持人

人自以为很聪明，却不知整日活在烦恼欲望的束缚中而不能自已。很多事情未来时起渴望妄念，已来时生非分追逐，去后复在心中念念不忘，全不知放下的快乐，而不断地以欲望自我烦恼束缚。

◎ 原文

佛只是个了仙，也是个了圣。人了了不知了，不知了了是了了；若知了了，便不了。

◎ **译文**

　　佛只是个善于了却执情的神仙，也是个善于了却烦恼的圣人。人们虽然耳聪目明，却不知该了却一切烦恼，不知凡事放下便已无事，若心中还有放下的念头，便是还未完全放下。

◎ **直播课堂**

　　也有人明了到这一点，便躲到山中将心放去，认为这才是放下一切的方法。殊不知这种以为自知的了了，其实是不了，因为心中还有对放的执著，这个"放"字成了无形的枷锁，使他动弹不得，不敢接触任何事物。莲花居水而不沾水，若为了怕水而种在旱地，它就会枯萎而死。如果在心中能将烦恼根本放下，连放下的念头也除去，生于世间而不着于世，那就是真的"了了"。

剖去胸中荆棘以便人我往来

◎ **我是主持人**

　　一个人的心中一旦存有不平之气，在与人交往时就容易伤人，即使是闭门独处也会伤害自己。什么是妨碍我们与人交往的荆棘呢？无非是埋藏在人心的不信任、嫉妒和自私，这些造成我们拒绝将心胸坦诚开放，即使在形体上与他人握手，心却背道而驰。

◎ **原文**

　　剖去胸中荆棘以便人我往来，是天下第一快活世界。

◎ 译文

将心中自伤伤人的棘刺去除，开放平易的心胸和人交往，是天下最令人舒畅欢喜的事。

◎ 直播课堂

人是需要友谊的，友谊使我们欢笑、歌唱，更使我们患难与共。友谊就像一扇门，需要自己去挖掘，你不去扣门，他人如何会为你开启？你不打开，别人又如何进来？同样，不把屋内的荆棘除掉，不但别人不肯进来，就连自己也不能安居。

有一首极可爱的诗歌："君担簦，我跨马，他日相逢为君下；君乘车，我戴笠，他日相逢下车揖。"如果能剖去胸中荆棘，获得这样的友情，岂不是天下第一快活的事？整个世界在我们眼中不是显得更完美吗？

居不必无恶邻

◎ 我是主持人

要找一个全是好人的地方住下，是不可能的事。所谓恶邻，有时是品德恶劣，有时是行为恶劣。譬如你要睡觉他练鼓，你要读书他唱歌。因为相处在接近的空间里，必定会有趣味相冲突的时候。但若将垃圾丢在他人门口，或是任由猫狗随地便溺，就令人无法忍受了。

◎ 原文

居不必无恶邻。会不必无损友，惟在自持者两得之。

◎ **译文**

选择住家不一定要避开坏邻居，聚会也不一定要除去有害的朋友。如果自己能够把持，那么即使是恶邻和损友，对自己也是有益的。

◎ **直播课堂**

众人相聚，难免有一些逢迎拍马，或是言谈粗鄙的人。这些在我们进入社会后，都不难见到。这时到底是与他们同声相应？还是他饮他的花酒，我喝我的清茶呢？

其实，无论是恶邻还是损友，换一个角度来看，无非是考验我们的涵养和定力。倘若我们与邻居吵架，也丢垃圾在他家门口，放狗在他家拉屎，我们不也成了毫无涵养的恶邻了吗？很多事情稍加忍耐也就过了，即使交涉也要依理而行。至于损友，那完全就看自己的把持了，如果定力足够，绝不会被人影响。能善于自我把持的人，无论是什么样的恶邻或损友，只不过是他的试金石罢了。

君子小人，五更检点

◎ **我是主持人**

君子和小人的分野，在于君子以大我为出发点，小人则以小我为出发点；君子不以利而害义，小人却因利而伤义。

◎ **原文**

要知自家是君子小人，只须五更头检点，思想的是什么便得。

◎ 译文

要知道自己是有道德的君子，还是没有品德的小人，只要在天将明时自我反省一下，看看自己所思所想的到底是什么，就十分明白了。

◎ 直播课堂

五更头是夜将尽、天将明，也就是一天的活动将要开始的时候。人们追逐了一天后，大部分人在一二更时只求赶快入眠，明天好更有精力重新追逐。到了五更多已睡饱，便会开始盘算一天所要做的事情。这时君子和小人之间所想的就大大的不同了。君子想到的是如何竭尽一己之力，去帮助他人，将分内的工作完成。小人想到的则是如何逢迎达官贵人，如何占人便宜，如何推托偷懒，吃喝玩乐。

所以，在这一天将要开始的时候，只要回过头来看看自己心中盘算的是什么，君子和小人的区别就十分清楚了。

以道窒欲，则心自清

◎ 我是主持人

如果不以理智判断言语，而径以感情接受言语，往往会使我们犯下错误。因为感情是主观的，许多语言的发生只是基于一时的情绪发泄，这种话和客观的事实就有很大的差距。

◎ 原文

以理听言，则中有主；以道窒欲，则心自清。

◎ **译文**

以理智来判断所听到的言语,则心中自有主张。以品德修养来摒绝私欲,则心境自然清明。

◎ **直播课堂**

无论是喜是怒,是哀是乐,经常在事后发现言过其实。如果我们在听话时不能分辨这一点,那么就会做出错误的决定或行为。所以一句话进入耳中,一定要以我们的理智来判断,说话的人是出于理智还是情绪,与事实有无出入,这样才不会被夸大的消息所误。

我们的心之所以不能清静,是因被私欲混浊,同时心胸也因欲望的逼迫而感到喘不过气来,没有一刻得到安宁。倘若我们能在道德修养上多下工夫,便可以知道有许多欲望是不应该,也是不必要的,这样便可减低那些不合理的欲求,而使我们的心趋于平静。既然不会逼自己去满足私欲,自然能畅通胸怀去呼吸清爽的空气。

第二章
生死老病，云烟影里

真正通达的人，无论富贵贫贱，对生死的态度都是一样的。即使贫贱，也不厌生，因为生命在贫贱之外另有乐趣。即使富贵，也不厌死，因为生命在富贵之中也有疲惫。孔子说："未知生，焉知死。"而既知生，又何畏死呢？

先远后近,交友道也

◎ 我是主持人

所谓"先择而后交,则寡尤;先交而后择,故多怨。"交朋友并不是容易的事,要获得真正的知己更是困难。刚开始交往时,看到的常是表面,在表面中有多少真实的成分,又有多少虚伪的成分,并不能一眼看出。如果在这时候推心置腹,就好像喜欢喝牛奶的人,看到白色的液体就喝下去,结果到了嘴里才发现是颜料,不仅自己不愉快,别人还要怪你浪费。

◎ 原文

先淡后浓,先疏后亲,先远后近,交友道也。

◎ 译文

交朋友要由淡薄而浓郁,由疏远而亲近,由接触而相知,这是交朋友的方法。

◎ 直播课堂

经过仔细的观察和选择,由表面到内在,并对对方的人格有了相当的认识,才谈得上"朋友"二字。也只有在这个时候才能决定对方是否值得自己更进一步交往,这便是先远后近、先疏后亲的道理。否则连长相都没看清楚,就登堂入室,翻箱倒柜,岂不是莫名其妙,哪会不招来怨尤呢?

形骸非亲，大地亦幻

◎ 我是主持人

事实上，在未生之前，身体是不存在的，死后的尸体也不再是自己的，而在中间活着的这个自己，到底幼年的身体才是自己，还是年老的身体才是自己？依照医学的说法，人体分解起来不过是一些元素罢了，而且三年前的元素与三年后的元素早已全部换过，也就是说三年前的那个身体，三年后已经过代谢的作用排出体外。

◎ 原文

形骸非亲，何况形骸外之长物；大地亦幻，何况大地内之微尘。

◎ 译文

身体躯壳不值得亲近，何况是身体之外带不走的东西？山河大地不过是个幻影，何况在大地上如同尘埃的我们呢？

◎ 直播课堂

身体既然可以像衣服一样不断换新，又有什么可亲的呢？身体都不可亲，那些生不带来死不带走的东西，何尝是真正属于自己的呢？整个山河大地乃至于世界，都要在宇宙的历史岁月中有如幻影一般地消失。总括说来，都不过是幻象，何况是在这大地上如同尘埃一般生生死死的我们呢？又何必不断地互相伤害，执著不放呢？

寂寂之境不扰，惺惺之念不驰

◎ 我是主持人

"寂寂"是不动的，"惺惺"是动的。"寂寂"所以自心不受干扰，"惺惺"所以不落在空寂当中。若能做到"寂寂惺惺"，则能够在纷乱的世事中尽一己之力，常保自己心境的安详宁和。

◎ 原文

寂而常惺，寂寂之境不扰；惺而常寂，惺惺之念不驰。

◎ 译文

在寂静的状态当中，要常保持觉醒，但以不扰乱寂静的心境为优先。在觉醒的状态当中，也要常保持寂静，使得心念不至于奔驰而收束不住。

◎ 直播课堂

"寂静"就是让心中的种种烦恼止息。常人的妄念就像污浊的沟水，要止息妄念，就好比要将沟水止住一般。止住之后还要水澄清，使其变为不动的清水，不再起任何妄念。但"寂寂"并不是让我们像木头一样，所以还要有"惺惺"的作用。"惺惺"的心是明了的，有静有定，而心不迷，不迷就叫作"惺"。"寂寂"属于"前念不生"，"惺惺"属于"后念不灭"，"寂寂"里不许有无记，"惺惺"里不许有妄想。若能如此，便不会有什么烦恼，而随时随地都在禅定当中。

童子智少，愈少而愈完

◎ 我是主持人

老子说："为学日益，为道日损。"知识和学问固然是由累积而来，然而，一旦累积多了，便成为一种负担，形成注意力和生命的分散。心力一时在东，一时在西，全着于外界而没有一个内在的统一。所以老子主张这时要"为道日损"，一天一天地减去妄见，而达到一种"绝学无忧"的境界。

◎ 原文

童子智少，愈少而愈完；成人智多，愈多而愈散。

◎ 译文

孩童的智识并不多，但是其智识越少，智慧却越完整；成人的智识多，但智慧却分散而不完整。

◎ 直播课堂

孩童可以在一朵花中得到无上的乐趣，成人却无法长久地把精神专注在一朵花上。如果说智慧是指使生命活得更美好，那么，孩童确实比成人更易品尝生命的滋味。因为孩童单纯，成人不单纯；孩童完整，成人不完整。所以，许多智者主张活到最后要回到婴儿的纯真状态，这时候的心态和未成长时的心态，在感受上并无多大的差别，主要的分别在于一个会失去，而复归的状态则不会再失去了。

无事便思有闲杂念头否

◎ **我是主持人**

　　人在无事的时候往往会因为无聊而生出种种杂念，所以在闲居的时候最重要的是将心收住。而忙碌的时候又会变得脾气暴躁，不能冷静思考事情，这时若能觉察到自己情绪的浮动，便不会将事情做错或得罪他人。

◎ **原文**

　　无事便思有闲杂念头否，有事便思有粗浮意气否；得意便思有骄矜辞色否，失意便思有怨望情怀否。时时检点得到，从多入少，从有入无，才是学问的真消息。

◎ **译文**

　　没有事情的时候要反省自己是否有一些杂乱的念头出现，忙碌的时候要思考自己是否心浮气躁，得意的时候要注意自己的言行举止是否骄慢，失意的时候要反省自己是否有怨天尤人的想法。能时时这样细查自己的身心，使不良的习气由多而少，最后渐渐地完全革除，这才算是真正了解了学问的真谛。

◎ **直播课堂**

　　人在得意时，往往容易高估自己，而把他人看得一文不值。真正有学问修养的人，越是在得意的时候，越是言行谨慎，绝不容许心中生出骄慢的念头，因为他明白骄慢对人、对己都无益处，反易招祸。同样，在失意时，他也不会怨天尤人，因为失意的原因无非是自己不努力，或者客观的条件不佳。如果是自己不努力，有何可怨？如果是客观环境不允许，怨又何益？

学问在于使我们的人格更成熟，生命更圆满。凡是闲而妄想、忙而气躁、得意骄矜、失意怨尤的人，往往不能从学问中改善自己的人格，所以才会有那些浅薄的表现。

脱一厌字，如释重负

◎ 我是主持人

死亡是公平的，它既降临贫苦之家，又降临富贵之人，古来多少皇帝梦想着长生不死，结果还是像升斗小民一般，任地下的蛆虫啃噬。

◎ 原文

贫贱之人，一无所有，及临命终时，脱一厌字。富贵之人，无所不有，及临命终时，带一恋字。脱一厌字，如释重负；带一恋字，如担枷锁。

◎ 译文

贫穷低贱的人，什么都没有，到将要死去时，因为对贫贱的厌倦而得到一种解脱感；富有高贵的人，什么都不缺少，到将要死去时，却因对名利的迷惑而眷恋不舍。因厌倦而解脱的人，死亡对他们而言好像放下重担般的轻松；因眷恋而不舍的人，死亡对他们而言就如同戴上了刑具般沉重。

◎ 直播课堂

　　对于贫贱的人而言，死亡是一种解脱。由于他们没有什么难舍的身外之物，因此，也没有什么可以留恋的。所以，活得苦的人，死时常带着微笑。反之，过惯荣华富贵生活的人，对死亡却充满了恐惧，因为，他们在世上所凭依的东西，没有一样可以带得去。死亡对他们而言，不仅是失去一切，还要面对一个未知的世界。因此，他们死去时就会绝望恐惧。

透得名利关，方是小休歇

◎ 我是主持人

　　古今多少豪杰志士，都在名利二字上消磨尽了。眼前的众人，又何尝不是如此？升斗小民看不破"利"字，正如英雄豪杰放不下"名"字一般。因此，竞志斗才，却不知名利自己到底可保留多久？

◎ 原文

　　透得名利关，方是小休歇；透得生死关，方是大休歇。

◎ 译文

　　看得透名利这一关，才是小休息；看得透生死的界限，才是大休息。

◎ 直播课堂

　　名加于身，满足的是什么？利入于囊，受用的又有多少？名如好听之歌，听过便无；利如昨日之食，今日不见，而求取时，却殚智竭虑，不得喘息。快乐并不在"名利"二字，以名利所得的快乐求之甚苦，短暂易失。所以，智者看透了这一点，宁愿求取心灵的自由祥和，而不愿成为名利的奴隶。

面对生死关头，没有人不心怀恐惧的，但是，仔细思量，未生之前何曾恐惧？死后与生前又有何不同？

多躁者，必无沉潜之识

◎ 我是主持人

浮躁的人，心没有一个专注和固定之处，自然对事情无法有深入的观察和见解。而遇事畏怯的人，只会随着人后去做，避免犯错，当然不会有超越众人的见解。嗜欲太重的人，临到大难来时，什么都不肯舍弃，能不为自保而变节已是不错，又怎肯去慷慨赴义，舍弃所爱和生命呢？

◎ 原文

多躁者，必无沉潜之识；多畏者，必无卓越之见；多欲者，必无慷慨之节；多言者，必无笃实之心；多勇者，必无文学之雅。

◎ 译文

心思浮躁的人，对事情一定无法有深刻的见地。胆怯的人，一定无法有超越一般的见解。嗜欲太重的人，必然不能有意气激昂的志节。多话的人，必定没有切实去做的心。勇力过盛的人，往往无法兼有文学的风雅。

◎ 直播课堂

好在口头上论事的人，必定无法切实地笃行，因为他做的速度远不及

讲的速度，怎么可能把每一件事都做好呢？而那些勇力过盛的人，凡事都喜欢以力气去解决。文学需要细腻的心思，他们的心气较粗，所以很少能体察文学中那种细微的雅意。

由此可见，一个人的多躁、多畏、多欲、多言、多勇都不是良好的现象，唯有沉潜、卓越、慷慨、笃实，才会使人有文学之雅，因而成为一个完美的圣人。

佳思忽来，书能下酒

◎ 我是主持人

侠情是不拘束的，世情赠人以物，侠情赠人以意。赠人以物有尽也有失，赠人以意无尽亦无失。以云赠人，千里随君而往，抬头便见，岂不更见情意的深致。其实，心中一旦不拘泥形式，情意又何在笺笺之物？彼赠人以云，我赠人以江月，又有何不可呢？

◎ 原文

佳思忽来，书能下酒；侠情一往，云可赠人。

◎ 译文

美好的情思突然来时，无需佳肴，有书便能佐酒。不羁的情意一发，即使手中无物，亦可以出口成章赠人。

◎ 直播课堂

饮酒重在情趣，若无情趣，再好的酒也是涩的。李白的《月下独酌》：

"花间一壶酒,独酌无相亲,举杯邀明月,对影成三人。月既不解饮,影徒随我身,暂伴月将影,行乐须及春。"这就是得其情趣。佳肴是肉体的美食,一本好书却是心灵的美食,自得其趣。

生死老病四字关,谁能透过

◎ 我是主持人

　　人之所以感到痛苦,有生理的因素,也有心理的因素,而且心理的痛苦往往比生理的痛苦来得多,如果在心理上能够看破,就能够受苦而不苦了。

◎ 原文

　　人不得道,生死老病四字关,谁能透过?独美人名将,老病之状,尤为可怜。

◎ 译文

　　人若对生命不能大彻大悟,生、老、病、死这四个重要的关卡,又有谁能看得破?尤其是倾国倾城的美人和叱咤一时的名将,他们的老病情状,更使人感到生命的无奈和可怜。

◎ 直播课堂

　　生命就像一次列车,它将载着我们走过一程又一程。随着列车的一次次进站,我们或与上车的人握手同行,或与下车的招手告别,最终抵达自己的目的地。

真放肆不在饮酒高歌

◎ 我是主持人

礼数和规矩是用来与人相处的，倘若彼此都有真性情，又何必用礼数来绑手绑脚，加以限制。但是，一般人总以为唯有饮酒高歌，才能见出真性情，事实上真性情又岂在饮酒高歌？有真性情方有真放肆，没有真性情徒见其越礼而已。

◎ 原文

真放肆不在饮酒高歌，假矜持偏于大听卖弄。看明世事透，自然不重功名；认得当下真，是以常寻乐地。

◎ 译文

真正地不拘泥于规矩礼数，并不一定要饮酒狂歌，虚假的庄重在大庭广众间看来既做作又不自然。能将世事看得透彻，自然不会过于重视功名，只要即时明白什么是最真实的，就能寻到让心性感到怡悦的天地。

◎ 直播课堂

庄重自持固然不错，但若失却了本意，只图做给他人观看，那便是不真了，只会让人觉得忸怩作态，令人不舒服。世事看得透彻，功名也不过是过眼云烟。人若活得实在，必不会太过于执著功名，即使是志士仁人，所求者无非是为众人谋福的大事，而不计较一己的私名。真懂得生命情趣的人，绝不会把自己的生命浪费在虚幻不实在的事情上，也不会为无意的事束缚自己的身心，随时都能保持身心最怡悦的状态，而不为人情世故所扰。

人生待足何时足

◎ 我是主持人

人自懂事以来，便识得世间的种种需求和期待，以致街上熙熙攘攘，难得一见满足的表情。"人生待足何时足"，许多人怀有出世的想法，却以"待得如何如何"来搪塞自己，总希望有个满足的时候，到那时再寻身心的清闲，目前则只图一时的满足。

◎ 原文

人生待足何时足，未老得闲始是闲。

◎ 译文

人生活在世上若是一定要得到满足，到底何时才能真正满足呢？在还未老的时候，能得到清闲的心境，才是真正的清闲。

◎ 直播课堂

事实上，欲望就像与众人同行，见到他人背着众多的财物走在前面，便不肯停歇，而想背负更多的财物走在更前面，结果最后在路的尽头累倒，财物也未能尽用。倒不如陋巷中的颜子，箪食瓢饮便能欢天喜地地生活。若能及早明白心灵的满足才是真正的满足，也就不会为物欲所驱使，过着表面愉快，内心却紧张的生活。若到老时才因无力追逐而住手，心中

感到的只是痛苦。在未老时就能明了这一点，必能尝到真正安闲的滋味。而不再像众人一样，如同瞎眼的骡子，背上满负着糖，仍为挂在嘴前的那块糖而奔波至死。

明霞可爱，瞬眼而辄空

◎ 我是主持人

彩霞固然美丽，但转眼就会消失，人间的一切又何尝不是如此？如果太过执著，便是痛苦的开始。倾国倾城的美人，如同彩霞一般易逝，然而，贪恋彩霞而致苦的人不多，贪恋美色而致苦的人却很多。因为彩霞不易使人心生执著，美色却易使人牵萦挂怀，蒙昧思求。

◎ 原文

明霞可爱，瞬眼而辄空；流水堪听，过耳而不恋。人能以明霞视美色，则业障自轻；人能以流水听弦歌，则性灵何害。

◎ 译文

明丽的云霞十分可爱，但是转眼之间就消失了。流水之音十分好听，但是听过也就不再留恋。人如果能以观赏明霞的心来欣赏美人的姿色，那么因色而起的障碍自然就会减轻。如果能以听流水的心情来听弦音歌唱，那么弦歌又何害于我们的性灵呢？

◎ 直播课堂

在生活的漫长道路中，我们失去了很多所爱的人和事物，也得到了人生的感悟和收获。丧失，的确是一件痛苦的事情，但它并不可怕，它使我们为生活付出了沉重代价，但它也是我们成长和收获的源泉。

虽然不应对，却是得便宜

◎ 我是主持人

　　世人最难以忍受他人对自己的侮辱，许多纷争和不快皆由此而起。愤怒第一个伤害的便是自己，每见有人气得双手颤抖，眼泪直流，或是咬牙切齿，身心都不得舒坦，若是还不能遏制自己的情绪，便会操刀持棍，去伤害来侮辱自己的人。

◎ 原文

　　寒山诗云：有人来骂我，分明了了知，虽然不应对，却是得便宜。此言宜深玩味。

◎ 译文

　　寒山子的诗说："有人跑来辱骂我，我虽然听得十分清楚，却没有任何反应，因为我了解自己已经得了很大的好处。"这句话很值得我们深深地品味。

◎ 直播课堂

　　一个人倘若遭到他人的辱骂，首先要反省自己因何原因遭受此骂，若是因自己有错所致，便加以改过，这样便能从辱骂中得到很大的好处。如果自己并没有错，是对方错了，我们应当宽恕他，此时若用他人之错伤己

之身体可是太不值当了。

"分明了了知，虽然不应对，却是得便宜。"可以有种种好处，首先是战胜了自己，不因他人的辱骂而扰乱自我。其次是战胜了他人，他人若无理取闹，骂得口干舌燥，心跳眼凸，却毫无效果，结果自讨没趣。所以，当有人辱骂自己时，一定要把持住，不要为对方的言辞而动摇了自己，自我扰乱，被他人击败。

有誉于前，不若无毁于后

◎ 我是主持人

有善方有誉，有恶必有毁，与其有为善之名，不如无为恶之论，纤毫之恶足以掩大德，为人不可不小心。誉有真情，也有假意，对人当本于真心，当誉则誉，而勿虚伪矫情，阿谀假誉，当面誉之，背后毁之，是小人作为而非君子作为。

◎ 原文

有誉于前，不若无毁于后；有乐于身，不若无忧于心。

◎ 译文

在面前有赞美的言词，倒不如在背后没有毁谤的言论。在身体上感到舒适快乐，倒不如在心中无忧无虑。

◎ 直播课堂

心忧若不得解，食不甘味，寝不安枕，身在乐中却无法享用。心中若是快乐，菜根味美，棉衣适体，眼中所见无不是乐。由此可见，乐实以心乐大于身乐，忧也是心苦多于身苦。心中无忧便是乐，但却非每个人都能做到这点。大多数人心中牵缠，难解难舍，因此，不能体会轻松的快乐。而究其忧虑之因，无非就是名利二字，总以为要得到物质的享受，才能获得快乐，这都是不明白身乐不如心乐，心中无忧便是乐的缘故。

无稽之言，是在不听听耳

◎ **我是主持人**

言语所能表达者有限，有些心境，唯有能解之人方能解之。会心的人举一指即知，不能会心的人，言语道尽也不得其门而入。然而，人情未必如此高超，多半是"言有尽而意无穷"，这未尽之意，就赖那会心的人以不解解之了。

◎ **原文**

会心之语，当以不解解之；无稽之言，是在不听听耳。

◎ **译文**

能够互相心领神会的言语，应当是不从言语上来了解它。未经查证的话，应当任它由耳边流过，而不要相信它。

◎ **直播课堂**

大凡言语未必即是言语，不相亲相知的人，多由言语上去了解对方，而相亲相知的人，举手投足无不明。所谓"眼波才动被人猜，惟有心上人儿知"，此心上人儿不仅是指情人而言。

至于无稽之谈，作为茶酒笑谈即可，若是有心，难免徒生烦恼。既为无稽之谈，必定言者无心，言所无事，原本是一无所有，所以要不听听之。若是不明白这一点，无论是以耳听心听，都要发生毛病，闹出笑话。会心人便作无稽谈也能会心，不会心人便作有心论也成无稽。

风狂雨急立得定，方见脚跟

◎ 我是主持人

繁花似锦，柳密如织，只是造化一时幻化的美景，转眼即蝶残莺老，花谢柳飘，可见好景不常在。唯有智者能识得时空的幻象，在最美好的境地里，不为繁花沾心，密柳缠身，依然来去自如。不似一些痴者，因好景不留而伤心得了无生趣。

◎ 原文

花繁柳密处拨得开，才是手段；风狂雨急立得定，方见脚跟。

◎ 译文

在繁花似锦，柳密如织的美好境遇中，若能不受束缚，来去自如，才是有办法的人。在狂风急雨，挫折潦倒的时候站稳脚跟，而不被吹倒，才是真正有原则的人。

◎ 直播课堂

人在顺境中保有自己的原则是容易的事，就像在平坦的大路上要不跌跂是很简单的事。但是，生命中并非全是顺境，往往逆境更多，这时能坚守自己的良心，不做出违背原则的事，是许多人做不到的。孔子在陈国断了粮，弟子们都饿得起不来，子路很生气地去见孔子，质问说："君子也有贫困的时候吗？"孔子泰然地回答："君子固然免不了有穷困的时候，但是，小人到了穷困的时候，就会胡作非为了。"能像孔子口中的君子那般，遇到穷困的时候也不改其志，可以说是立得住，站得稳了，虽风狂雨急又岂奈何得了他。

议事者身在事外，宜悉利害之情

◎ 我是主持人

议事者通常并不参与事情，因此不能了解处理上的困难和弊病，以致议论的事不能切合实际需要，或是建议的事项根本无法实行，而令办理的人无所适从。因此，有资格议论的人，最好是参与其事的人，因为参与者能够知道事情的利害得失，如此才能提出有利的建议而不至于白费工夫。若是无法参与其事，对事情的发展和变化，也需多加考察，不可墨守成规，死抱着老掉牙的方法而不肯改善。

◎ 原文

议事者身在事外，宜悉利害之情；任事者身居事中，当忘利害之虑。

◎ 译文

议论事情的人并不直接参与其事，所以要能掌握事情的利害得失，以免无法实行。办理事情的人本身就在负责此事，应当忘却利害的顾虑，否则就无法将事情办好。

◎ 直播课堂

至于亲身参与此事的人，应该忘却个人的利害，勇往直前，倘若临事缩手，那么，再好的建议也无法付诸实现。就好比在前线作战的军人，如果临阵畏怯，那么，这场仗如何能打赢呢？既已担负这个责任，就应当处处以事情的利益为重，若是人人只顾及自己，势必会生出许多不同的意见来，这样如何能协同一致将事情完成呢？

贫不足羞，贱不作恶

◎ 我是主持人

年老是人生必经的过程，原不值得叹息，有的人活到老，该做的都做了，想达到的理想也差不多完成了，人生了无遗憾，自然没什么可叹的。相反的，只因年轻时不努力，活到老却一事无成，这种人生的终点才令人惋惜。倘若生命过得有价值，死亡只是一种休息，是可喜的事；倘若生命过得毫无价值，死亡就是一种可悲的事，因为浪费了一生而没有一点意义。

◎ 原文

贫不足羞，可羞是贫而无志；贱不足恶，可恶是贱而无能；老不足叹，可叹是老而虚生；死不足悲，可悲是死而无补。

◎ 译文

贫穷并不是件值得羞愧的事，值得羞愧的是贫穷而没有志向；地位卑贱并不令人厌恶,可厌恶的是卑贱而又缺少能力;年老并不值得叹息,值得叹息的是年老时一无所成;死不值得悲伤,令人悲伤的是死去而对世人毫无贡献。

◎ 直播课堂

　　一个人值得尊敬的是他的品德操守,而不是外在的贫富钱财。有富而可羞的人,也有贫而可贵的人。贪官污吏、奸商盗匪,富则富矣,却十分可耻。贫如颜渊,居陋巷而箪食瓢饮,却很可贵,连孔子都要称赞他。地位的低贱有时是出身的关系,但是,"将相本无种,男儿当自强""英雄不怕出身低"都说明了越是出身卑微,越要有志气去改善现状,要从充实自己的能力做起。倘若出身卑微又不肯改善现状,增强自己的能力,就不要怪他人要永远瞧不起自己了。

彼无望德,此无示恩

◎ 我是主持人

　　穷朋友并没有物质上的条件,只是凭心来交往。对方既不会奢望从我这里得到什么好处,我也没有这个能力去向他故示恩惠。因此,便成了心灵之交而不是物质之交。既然不是物质之交,心灵之交就不会因你贫我富,或是我贫你富而改变,所以,这种朋友才能长久。

◎ 原文

　　彼无望德,此无示恩,穷交所以能长。望不胜奢,欲不胜魇,利交所以必伤。

◎ 译文

　　对方并不期望得到什么利益,我也不会故施恩惠,这是穷朋友能长久交往的原因。老是想有所获得,欲望又永远无法满足,这是以利益来结交朋友必然会反目的理由。

◎ 直播课堂

　　倘若是以利来交友,最初的着眼点便在交这个朋友会有什么好处,然而,人的欲望是永远无法满足的,好处却不能源源不绝。一旦利益没有了,友情也完了,甚至还会因此而反目。交朋友最重要的是人和人的交往,而不是物和物的交往,是以情交而不是以利交,物是无情的,人才是有情的。

第三章
为情而亡，涕泪沾裳

世上能以慈悲筏渡过相思海者又有几人？人人都愿有情人执恩爱梯，弃离恨天。然而，情因虽重，情缘难遇，终不免含恨而别。但思情至怨，不如无情，情而至死，更当逐之。

虽盟在海棠，终是陌路萧郎

◎ 我是主持人

情之为物，知者难言，不知者默然。自古言情爱事，或见于诗歌传奇，或见于小说戏曲。

◎ 原文

情语云：当为情死，不当为情怨。关乎情者，原可死而不可怨者也。虽然既云情矣，此身已为情有，又何忍死耶？然不死终不透彻耳。君平之柳，崔护之花，汉宫之流叶，蜀女之飘梧，令后世有情之人咨嗟想慕，托之语言，寄之歌咏。而奴无昆仑，客无黄衫，知己无押衙，同志无虞侯，则虽盟在海棠，终是陌路萧郎耳。

◎ 译文

有人说：应当为情而死，却不应为情而生怨。有关于感情的事，原本就是可为对方而死，却不当生怨心的。虽然这么说，但既然身在情中，又怎么忍心去死呢？然而，不死总不见情爱的深刻。韩君平的章台柳，崔护的人面桃花，发生在官廷御沟的红叶题诗，以及因梧叶夫妻再见的故事，都使后世有情人叹息羡慕。这种羡慕的情景，或者写成文字记载下来，或者表现在歌曲咏叹当中。然而，既无能飞檐走壁的昆仑奴，又无身着黄衫的豪客，没有如古押衙一般的知己，又无许虞侯一般的同志，那么，即使以海棠作为誓约，终免不了要分离的命运。

◎ 直播课堂

爱情，几乎是一个接近完美的字眼，是一个古老而永恒的话题。爱情是生活的调味剂，是情感的必需品。爱情有时像金刚石一样坚不可摧，有时却像个玻璃一样脆弱易碎。不管爱情到底是什么，它总会在你蠢蠢欲动的等待后或者漫不经心的日子里姗姗而来。爱情可以让人创造奇迹，也会给人带来无尽的痛苦。只要我们正确对待爱情，那它永远是甜蜜的。爱过之后才知爱情本无对于错，是与非，快乐与悲伤会与淤泥携手同行，直至你的生命结束！

缩不尽相思地，补不完离恨天

◎ 我是主持人

世上难解者，唯相思二字。胡适先生有诗云："也想不相思，可免相思苦，几次细思量，情愿相思苦。"相思之为病，岂是不想便能治得？正是"不想相思亦相思，若想相思思更苦"。

◎ 原文

费长房缩不尽相思地，女娲氏补不完离恨天。

◎ 译文

费长房的缩地术，无法将相思的距离缩尽；女娲的五色石，也无法将离人破碎的情天补全。

◎ **直播课堂**

　　费长房纵有缩地之术，又岂能为天下男女尽缩其地？有男女处便有相思，若欲尽缩相思地，只需将天下人共纳一枕方得，至于幽冥异路，天人永隔，又岂能奈何？

　　女娲能补天，却难补离恨天，天以石补，情岂能为之？天本无恨，离人心自有恨。天本无缺，离人心自有缺。宝玉虽为顽石，难补绛珠魂归之恨，石本无情，竟而为人，却又牵扯出许多幽情缠绵，伤心恨事。这情天到底是补得还是补不得？女娲补天到底补未补完？也唯有有情人知道了。

枕边梦去心亦去

◎ **我是主持人**

　　相思之人，经常茶饭不思，魂牵梦绕，失魂落魄，形容枯槁。既然身不能相随，只有魂梦相随，梦中虽能相随，醒来毕竟是梦。魂梦虽然归来，心却留在对方身边。

◎ **原文**

　　枕边梦去心亦去，醒后梦还心不还。

◎ **译文**

　　一入梦中，心便随着梦境到达他的身边，醒来之时，心却没有随着梦而回来。

◎ 直播课堂

　　唐人陈玄佑写《离魂记》，大意是衡州张镒之女倩娘，自幼与表兄王宙情深意浓，镒竟不察而许之他人，宙乃悲恸别情。临别上船，才行数里，却见倩娘跣足而至，宙惊喜若狂，乃携之入蜀，五年而生两子。后因倩娘思家，乃回衡州，却见家中有一倩娘久病闺中。方骇怪间，两倩娘合而为一，方知共处五年，竟是魂魄来依。事虽玄异，作者却是解情，若真能如此，怕天下有情人皆要分身两处，形如病而魂相随了。

　　然而"倩女离魂"，毕竟是幻想，是小说家慰藉情人的说辞，就因为它是幻想，所以有情之人终要备受相思煎熬，失魂落魄犹不得解。

幸在不痴不慧中

◎ 我是主持人

　　阮嗣宗生当魏晋不平之世，每以青白眼待人，其性至真，虽言行任性怪诞，实是绝顶聪明的人，途穷而哭，只为有心，终日沉醉，乃是无奈。他的沉醉，实是不愿见此世间种种丑态，醉翁之意，但图一醉，又何尝关乎美人？

◎ 原文

　　阮籍邻家少妇，有美色当垆沽酒，籍常诣饮，醉便卧其侧。隔帘闻坠钗声，而不动念者，此人不痴则慧，我幸在不痴不慧中。

◎ 译文

　　阮籍邻家有个十分美貌的少妇，当垆卖酒，阮籍常去饮酒，醉了便睡在她的身旁。遇到这种情形，若是隔着帘子听到玉钗落地的声音，而心中不起邪念的，这个人不是痴人便是绝顶聪明的人，我幸亏是不痴也不慧的人。

◎ **直播课堂**

至若玉钗坠地，醉人固不关情，痴人亦不解情，解情者唯不痴不醉者。佛家说慧剑斩情丝，没有慧剑的人，只有任情丝缠绕，无止无尽了。所以非阮籍等绝慧的人，必不敢卧于妇侧，若换了个不痴不慧的人，不要说玉钗落地，仅睹背影，怕就要惹出万种情念。彼时彼刻，能言"幸在不痴不慧中"的，怕也只有亦痴亦慧的人吧！

花柳深藏淑女居

◎ **我是主持人**

弱水三千，非飞仙女不可渡，古代女子幽居深闺，对有情人而言，又何异于蓬莱仙居？花柳重重，围墙高锁，也只有魂梦可达了。若能入梦，倒也罢了，偏偏"云雨不入襄王梦"，便是梦也不得时，情何以堪？

◎ **原文**

花柳深藏淑女居，何殊三千弱水；雨云不入襄王梦，空忆十二巫山。

◎ **译文**

美好的女子，她的深闺锁在花丛柳荫的深处，就好像蓬莱之外三千里的弱水。有谁能渡？行云行雨的神女，不来襄王的梦里，就算空想巫山十二峰，又有什么用呢？

◎ 直播课堂

　　爱情是两性之间的情感交流，需要双方投入感情。真正的爱情是两人之间建立于生理、心理和社会伦理综合需要基础之上的、相对稳定和持久的、深切而亲密的情感及其体验。如果只有一方产生了感情而另一方却无动于衷，不知道或不愿意，那么产生感情的一方就成为单相思。单相思得不到爱的回报，没有爱的补偿，因而就会陷入痛苦的深渊。

天若有情天亦老

◎ 我是主持人

　　天本无情，所以不老，人为情苦，如何不老？情愁便似黄叶无风自落，扫之不尽，去之不绝，更哪堪秋风频催，断人愁肠。梦里哪知身是客，恣情贪欢，哪晓得，无限欢情，翻作无穷苦因。

◎ 原文

　　黄叶无风自落，秋云不雨长阴。天若有情天亦老，摇摇幽恨难禁。惆怅旧欢如梦，觉来无处追寻。

◎ 译文

　　黄叶会在无风时独自飘零，秋日虽不下雨，却总为云所覆盖而显得阴沉。天如果有感情，也会因情愁而日渐衰老，这种在心中无所附着的幽怨真是难以承受啊！回想旧日的欢乐，仿佛在梦中一般，更添加无限的愁绪，梦醒来后又要到何处找回往日的欢乐呢？

◎ 直播课堂

不能追寻，偏要追寻，人情矛盾至此。往日欢乐，恰似一梦，而今才知，欢乐是苦。觉来却似未觉，午醉醒来，愁还未醒。未醒之际，辗转流连，如丝之未尽，如藕之未断，却是更深的梦了。天何不老？天本无梦。

吴妖小玉飞作烟

◎ 我是主持人

为情而死，化作飞烟，韩重得心，终究不能得人；美艳倾国，终为尘土，夫差得人，到底不得其心，得人得心，于今看来，无非是飞烟尘土。

◎ 原文

吴妖小玉飞作烟，越艳西施化为土。

◎ 译文

吴宫妖冶的小玉已经化作飞烟，就是越国美艳的西施也已成为尘土。

◎ 直播课堂

情爱的真相原是飞烟与尘土，一时风起，烟尘缠绕，一时风止，烟散尘落。但在烟尘弥漫中，却总要寻她千百度，任自己五指不辨，仍然紧抓伊人不放，如烟之逐尘。

韩重不为烟，必为尘，夫差不为尘，必为烟。如今在情爱中的，他日又哪能不为烟尘呢？情爱原是烟尘中的事啊！

几条杨柳,沾来多少啼痕

◎ 我是主持人

　　杨柳无情,离人自有情,杨柳无泪,离人自有泪。别情依依,更哪堪春深,折柳送别,分不清是泪是雨。《诗经·小雅·采薇》:"昔我往矣,杨柳依依;今我来思,雨雪霏霏。"但不知今日折柳送别,来日还能见否,怕只怕雨雪覆地,故人再不见,若问昔日杨柳,除非再寻送别时。

◎ 原文

　　几条杨柳,沾来多少啼痕;三叠阳关,唱彻古今离恨。

◎ 译文

　　几条柳枝,沾上了多少离人的泪水;反复的阳关曲,唱尽了古今分离时的幽怨。

◎ 直播课堂

　　天下没有不散的宴席。每个人都会有离别的时候,都会流泪,这泪水包含着许多心情,也许并不一定是苦涩的,只有伤心的泪水。离别总是有一天会来到的,而在于你怎么看待它,如果把它看为一种悲伤的话,那就永远就只有伤感了。我们应该积极些面对生活。

弄柳拈花，尽是销魂之处

◎ 我是主持人

琴名"绿绮"，所弹无非求凰之曲，唯有情人能解。"欲取鸣琴弹，恨无知音赏。"知音难遇，情人难求，情人又是知音，岂非难上加难？情人若非知音，弹来又与谁听，不如没有的好。

◎ 原文

弄绿绮之琴，焉得文君之听；濡彩毫之笔，难描京兆之眉；瞻云望月，无非凄怆之声；弄柳拈花，尽是销魂之处。

◎ 译文

拨弄着钟爱的琴，如何能得到像文君一般解音的女子来聆听？濡湿了画眉的彩笔，却难得到像张敞那般温柔恩爱的人儿来为她画眉。抬头望见浮云明月，耳中所听的无非是悲伤的声音；攀柳摘花，处处是魂梦无依的地方。

◎ 直播课堂

为人画眉，所画是情非眉，若无情郎如张敞，画眉深浅与谁看？《子夜歌》云："自从别欢来，奁器了不开；头乱不敢理，粉拂生黄衣。"只怕明镜照来容颜损，眉黛不肯解情愁。

何况明月偏照孤单影，又被浮云来遮掩，柳枝堪攀花堪折，芳华无人与共，却屈指西风几时来，只恐流年暗中换，怎不令人心神凄婉，魂魄彷徨。

豆蔻不消心上恨

◎ 我是主持人

若是那人得知，怎忍轻负信约，辜负这无限春光？若是那人不知，则不知该怎么办才好。雨中的丁香还是空自绾着同心结，这初来的恋情滋味，却是苦涩而难当啊！

◎ 原文

豆蔻不消心上恨，丁香空结雨中愁。

◎ 译文

少女心中的幽恨难解，为的是那丁香花在雨中徒然愁怨地开着。

◎ 直播课堂

李伯玉《浣溪纱》云："青鸟不传云外信，丁香空结雨中愁。"丁香为结，已是不该轻负，更何况正是"娉娉弱弱十三余，豆蔻梢头二月初"的梦样年华。这般年龄，本是不该空解愁滋味，却为初春的气息所染，而对雨中空结的丁香生起气来。

截住巫山不放云

◎ 我是主持人

云岂可截？又是痴话。留云不如留梦，留梦实为留人，而人呢？不管留不留，总是不放，不放人，不放梦，连云也不放。不放又能奈何？截云留梦，只截得千丝雨，万丝愁。

◎ 原文

填平湘岸都栽竹，截住巫山不放云。

◎ 译文

应将湘水的两岸填平，种满了斑竹，更应把巫山的云截下，永远都不放走。

◎ 直播课堂

情语自是痴话，痴话听来会见情意真切。湘妃泪洒斑竹，有情人竟至于此。二妃之泪，实为天下有情人共流之泪，一死苍梧，一沉湘水，又岂舜与二妃如此？故天下有情人处，无竹不斑，便湘岸都栽下竹林，仍然挥洒不尽。

那忍重看娃鬟绿

◎ 我是主持人

晏同叔《木兰花》云："绿杨芳草长亭路，年少抛人容易去；楼头残梦五更钟，花底离愁三月雨。无情不似多情苦，一寸还成千万缕；天涯地角有穷时，只有相思无尽处。"识得此中苦，苦情人儿怎能不休？客衫虽黄，终非负心之人。

◎ 原文

那忍重看娃鬟绿，终期一遇客衫黄。

◎ 译文

哪忍在镜前反复地赏玩这青春的美貌和乌黑光亮的秀发，只希望能像小玉一般遇到黄衫的豪士，将那负情的人带回。

◎ 直播课堂

在李十郎与霍小玉的传奇中，若非黄衫客强抱十郎至小玉寓所，小玉至死终不能再见负心郎一面，十郎的负心便成为当然的事。

然而相见不如不见。小玉含泪执手谓李生曰："我为女子，薄命如斯，君是丈夫，负心若此，韶颜稚齿，饮恨而终……我死之后，必为魔鬼，使君妻妾，终日不安！"情而至此，夫复何言？然而，"春蚕到死丝方尽，蜡炬成灰泪始干"，黄衫客为小玉所为者，是恨而不是情。娃鬟岂堪玩味，韶颜稚齿，无非是怨恨。

千古空闺之感，顿令薄幸惊魂

◎ 我是主持人

因情化石，虽令人惊，然而，便是双眼望出血泪，良人终不得归。陈陶《陇西行》："誓扫匈奴不顾身，五千貂锦丧胡尘。可怜无定河边骨，犹是春闺梦里人。"又如孟姜女哭杞梁，长城崩而白骨出，若此犹有寻处。至于薄幸如李十郎、陈世美者，就是望到天衰地毁，又有何益？便化作石，也会心碎为粉，随风吹去。

◎ 原文

幽情化而石立，怨风结而冢青；千古空闺之感，顿令薄幸惊魂。

◎ 译文

深情化为望夫石，幽风凝成坟上草，千古以来独守空闺的怨恨，真令负心的男子为之心惊。

◎ 直播课堂

昭君自恃貌美，不肯贿赂画师韩延寿，因此被画得很丑，不得见元帝。后匈奴来朝求美人，汉元帝凭画像派昭君去匈奴，等临行时才发现，昭君貌美，堪称后宫第一。元帝追悔莫及，便将韩延寿处死。昭君出使匈奴，方为帝所省识，至于未和亲的佳丽，难道就没有终生未见帝面者吗？由此看来，古来青冢何止聊聊少数。

良缘易合，知己难投

◎ 我是主持人

抱璧而哭，岂止卞和？不刖足而刖心者，自古多矣！情之如璞玉，有谁能识？有情虽石亦为玉，无情虽玉亦为石，所以，荆山之哭，我不为也。

◎ 原文

良缘易合，红叶亦可为媒；知己难投，白璧未能获主。

◎ 译文

美满的姻缘容易结合时，即使是红叶都可以成为媒人；然而逢到知己难以投合时，即使抱着美玉，也难得到赏识的人。

◎ 直播课堂

人世一切无非因缘而聚，缘尽而散，何况红叶为媒，流水相通。一颦一笑，莫非前定，一憎一恼，无非夙因。"虽仇敌之家，贵贱悬隔，天涯从宦，吴楚异乡，此绳一系，终不可弃。"黛玉之还宝玉以一生之眼泪，情债真是难偿。

蝶憩香风，尚多芳梦

◎ **我是主持人**

春光难留，却每为人所负，芳梦易寻，总是缠绵难尽。杜鹃不忍闻，掩耳不改春残景象，花落不堪看，遮不去万千情愁，于是叹道："既知如今，何必当初。"

◎ **原文**

蝶憩香风，尚多芳梦；鸟沾红雨，不任娇啼。

◎ **译文**

当蝴蝶还能在春日的香风中憩息时，青春的梦境还是芬芳而美好的；一旦鸟的羽毛沾上吹落的花瓣时，那时的啼声便凄切而不忍卒听了。

◎ **直播课堂**

蝶憩香风，青春无限，繁花似锦，心神已醉。然而，庄生梦蝶，何其短也，待得"雨横风狂三月暮"，耳际唯闻杜鹃泣血，回思初春景，真是芳梦，繁花与粉蝶，俱是造化欺。此时的心境只有"当时惘然"而已。

无端饮却相思水

◎ 我是主持人

偏偏当初不信,如今遍尝苦果。这种相思之水似酒非酒,饮之无解,才饮一滴,便要纠缠一生。而年少好奇,只当玩笑,一口饮尽,还称豪气。如今识得,泪眼婆娑,唯有说此水不好喝。

◎ 原文

无端饮却相思水,不信相思想煞人。

◎ 译文

无缘无故地饮下了相思之水,不相信真会教人想念至死。

◎ 直播课堂

多少事无理可说,无端识得那人,无端心系那人,无端饮下相思水,无端自苦不已,一切都是无端的。有端之事尚有道理可循,尚有结尾可待,无端之事既无道理,又无结尾,岂不令人愁肠寸断!

多情成恋，薄命何嗟

◎ 我是主持人

春愁如絮，不因风起，却因雨。情之为物，既是如此，女德又何必善怨？男德也未必不卒，要在有心无意耳！

◎ 原文

陌上繁华，两岸春风轻柳絮；闺中寂寞，一窗夜雨瘦梨花。芳草归迟，青驹别易；多情成恋，薄命何嗟。要亦人各有心，非关女德善怨。

◎ 译文

路旁的花都已开遍，河畔的春风吹起柳絮，深闺中的寂寞，就如一夜风雨的梨花，使人迅速消瘦。骑着马儿分别是何等容易的事，但望断芳草路途，人儿却迟迟不归。就因为多情而致依依不舍，命运乖蹇嗟叹又有何用？因为人的心中各自怀有情意，并不是女人天生就善于怨恨啊！

◎ 直播课堂

冯延巳《鹊踏枝》："几日行云何处去，忘却归来，不道春将暮！"然而行云本是无心，却是人儿有意。无心则青驹易别，芳草归迟，有意则多情成恋，薄命何嗟！奈何以有意对无心，有情付无情，命薄又能奈何？

虚窗夜朗，明月不减故人

◎ **我是主持人**

明月何其多情，夜夜来照窗前，仿佛故人容貌，一样对我开颜。明月照我也照他，天涯两人共一镜，夜夜当开床前窗，梦到广寒看看他。

◎ **原文**

幽堂昼深，清风忽来好伴；虚窗夜朗，明月不减故人。

◎ **译文**

幽静的厅堂，白昼显得特别深长，忽然吹来一阵清风，仿佛是我的友伴一般亲切。打开的窗子，显出夜色的清朗，明月的容颜，如同故人的情意一般丝毫不减。

◎ **直播课堂**

情之所寄，天地有情，风雅意发，清风亦为良伴。人间情意难尽，良朋益友终不能长久相随，此意唯有转托于清风，天涯与我相伴。

初弹如珠后如缕

◎ 我是主持人

要能听得春花秋月语,必先识得如云似水心。云水心是落花雨,落花雨便是春花秋月语,但有几人会识得其中的含义呢?

◎ 原文

初弹如珠后如缕,一声两声落花雨;诉尽平生云水心,尽是春花秋月语。

◎ 译文

落花时节所下的雨,初打在花瓣上听来仿佛珠落玉盘,再听却是细丝不坠,似乎在倾诉一生如云似水的心情,听来无非都是良辰美景时的情话。

◎ 直播课堂

人生一世,知音难觅。能够找到一个知音,应该说是最幸福的事了。知音就是能够听懂对方的语言所表达的含义,因为语言活动的目的就是要传达心声。但是,知音应该是相互的。要想让他人成为自己的知音,最好是先做别人的知音,也就是说我们自己也要学着去理解别人。知音的社会意义十分重要,除了在紧要关头能够帮助我们外,更重要的是能够了解我们自己的心理。而能够了解我们自己心理的,也一定具有了我们同样的心理。

第四章
勇于担当,脚踏实地

脚踏实地,才能稳稳地迈向未来,勇于担当,才会达到理想的高度。人生的漫漫征程需要我们用奋斗去闯荡,去拼搏。像老鹰一样搏击长空,开拓属于自己的天空。勇于担当追求,可以使我们进步发展,使我们的人生充实而美好;脚踏实地,不盲从,我们的理想才能成为现实。敢于担当,脚踏实地,就能创造了别样的辉煌。

封疆缩地，中庭歌舞犹喧

◎ **我是主持人**

天下皆妇人，是一句极沉痛的话。天下皆妇人，实已是天下男人不如妇人，因为男人至少力气比妇人大，受教育的机会也比妇人多。若到了像花蕊夫人诗中所形容的"十四万人齐解甲"的地步，那不仅是可耻，而是可悲到了极点。

◎ **原文**

峭今天下皆妇人矣。封疆缩其地，而中庭之歌舞犹喧；战血枯其人，而满座貂蝉之自若。我辈书生，既无诛乱讨贼之柄，而一片报国之忱，惟于楮尺字间见之。使天下之须眉而妇人者，亦耸然有起色。

◎ **译文**

当今天下还有哪个男儿可称得上是大丈夫呢？无非都是一些妇人罢了，眼看着国土逐渐为敌人侵吞，然而厅堂中仍是一片笙歌，战士的尸体都因血流尽而干枯了，朝廷中的官员却仿佛无事一般。我们读书人，既没有讨平乱事讨伐贼人的权柄，只有报效国家的赤诚，在文字上加以表现，使天下枉为男子汉的人，因惊动而有所改进。

◎ **直播课堂**

疆土是我们生长的地方，子孙延续的所在，一旦失去，就如无根的浮萍一般，处处容身，却无处可以安身。封疆缩地，战血枯人，而歌舞犹喧，貂蝉自若，这是亡国时才会出现的情景。凡是有眼睛、有人性的人都不会如此。更何况朝廷中的文武官员，身负兴亡的重任，岂能终日沉沦于温柔乡中，不知死期将至，那真的是连妇人都不如了！

　　历史的殷鉴总是血泪斑斑，人性的善忘却是千载如一，需要时时去提醒才不致重蹈覆辙。因此，严厉的文字是必要的，因为，它能刺激人们的心灵使它常保清醒而不致睡去。书生的贡献虽然并不仅止于此，但这却是他表达一片赤诚之心最直接而有力的方式。

士不晓廉耻，衣冠狗彘

◎ 我是主持人

　　并不是要做些轰轰烈烈的事才算懂得做人，大事也并非每个人都做得来的，但至少要不违背做人的本意，心眼不要如马牛一般，只看眼前的一把粮草，而看不到天的辽阔，世界的无涯。当你认为自己是马牛的时候，你就是马牛，如果你认为自己是人，你做的便该是人做的事。

◎ 原文

　　人不通古今，襟裾马牛；士不晓廉耻，衣冠狗彘。

◎ 译文

　　人如果不知通达古今的道理，就如同穿着衣服的牛马一般；读书人如果不明白廉耻，就像穿衣戴帽的猪狗一样。

◎ 直播课堂

所谓通达古今的道理，无非是指做人的道理。中国自古以来的先圣先贤留下来的格言，都在教导我们如何做人，才不致失去了人的正道。即使是历史给予我们的教训，也是教我们如何做千古的人。所谓千古的人并不是指流芳万世，而是在漫长的人类历史中，如何为自己定位，如何对生命有个交代。如果这些道理都不明白，一生只知吃饭、工作、睡觉，那么与牛马又有什么分别呢？人生并不仅止于此，然而，大部分人却如此过了。

君子宁以风霜自挟，毋为鱼鸟亲人

◎ 我是主持人

蝇附骥尾，一去千里，不过是个逐臭之夫，马尾一挥，性命尚且难保，又有何益？茑萝依松，爬得再高，到底是个软骨头，虽能低头看人，心却低贱，众人嘴里虽然不说，心中却十分明白。

◎ 原文

苍蝇附骥，捷则捷矣，难辞处后之羞。茑萝依松，高则高矣，未免仰扳之耻。所以君子宁以风霜自挟，毋为鱼鸟亲人。

◎ 译文

苍蝇依附在马的尾巴上，速度固然快极了，但却洗不去黏在马屁股后面的羞愧；茑萝绕着松树生长，固然可以爬得很高，但也免不了攀附依赖的耻辱。所以，君子宁愿挟风霜以自励，也不要像缸中鱼、笼中鸟一般，涎着脸亲附于人。

◎ 直播课堂

君子立身处世，不在地位的高低，不在富贵荣华，而在自立与否。即使身处风霜之中，也不可成为缸鱼笼鸟，避于人下，因为那已完全失去作为一个人的真性情，连最基本的一点人格也化为逐臭和低贱的奴性了。

仕夫贪财好货，乃有爵之乞丐

◎ 我是主持人

人性的高贵并不在于地位的高低，生命的价值也不在于官位的有无。为官而行可耻的事，不如为民而行可敬的事。富是能将多余的给人，贵是站在上面帮助别人。

◎ 原文

平民种德施惠，是无位之公卿；仕夫贪财好货，乃有爵之乞丐。

◎ 译文

一般的百姓若能多做善事，施惠于人，虽然并无官位，其心却可比公卿。在朝的官员若贪污图利，虽有地位，其心却如同乞丐一般。

◎ 直播课堂

有的人虽然拥有了全世界，却拿不出一块石子给人，这种人便是最穷的人；有的人虽已站在最高处，却不肯伸出一只手来扶助跌倒的人，这种人便是最低贱的人。

什么叫作乞丐？乞丐是永远不足的人。人心如果贪婪无尽，永不知

足，即使富如国王，也会贫如乞丐。人在吃饱之后很少会想到别人还饿着，这便是在富贵中的人缺乏同情心的原因。人在声色和欲望的追逐中往往不能满足，因此，便像夸父逐日一般越逐越渴，虽长江大海犹不能解其渴，所以，富人之心常如乞丐。

一失脚为千古恨

◎ **我是主持人**

人生有多少错误可犯？又有多少时光可以蹉跎？有多少错误是可以挽回的？又有多少错误是无法挽回的？童年时跌跤算不得什么，父母师长总是要你爬起来，拍一拍就好了，以后走路要小心。成年后跌跤有谁跟你讲呢？讲了你又肯听吗？

◎ **原文**

一失脚为千古恨，再回头是百年人。

◎ **译文**

一时不慎而犯下的错误会造成终身的遗憾，等到发觉而后悔时，已是事过人衰，无可挽回了。

◎ **直播课堂**

会跑跳的人不相信自己不会走路，而成年人也不相信自己的判断会有错误，在我们眼中所看到的成年人，有多少是愚昧无知的呢？小孩子只会在平地跌倒，成年人却因为脚力强健，常由高山悬崖摔下。小孩子摔伤了，不过是皮肉之伤，很快就会痊愈。成年人的失足，却伤及筋骨性命，要爬起来不知要耗费多少时间与精力。有形的跌倒，会感觉到疼，知道自己犯了错误才会如此。无形的深渊，孩童不敢走，成年人却因自信而不知不觉地走下去，等到发现到达的是一个暗无天日的地方，想要再走回去，却已发白体衰，生命已不再给他机会了。

生命虽短，歧路却多，失足有时不仅带来肉体的疼痛，还会带来心灵上的悲伤。因此，年轻时要多看看自己的脚下，不要尽顾着瞻望远方，更要先看看自己的心，有时脚走的方向并不是心想的方向，而心却是会欺骗人的。

圣贤不白之衷，托之日月

◎ 我是主持人

日月亘古不变，总予人间光明。圣贤的心境也是如此，要人们都能弃黑暗而行于光明，使人间常欢喜而无悲愁。言语有辞穷处，心意有难表时，然而，此心却昭昭如日月，经行不殆，永远为人们的幸福着想。

◎ 原文

圣贤不白之衷，托之日月；天地不平之气，托之风雷。

◎ 译文

圣贤所不曾表明的心意，已托付日月。天地间因不平而生的怒气，却表现在风雷上。

◎ **直播课堂**

　　人间有不平的事，天地有不平的气。不平则鸣，因此产生革命，革命是人间的风雷。路见不平，拔刀相助，是侠客不平之气；生灵涂炭，志士起义，为圣贤不平之气。高下相倾，天地犹生怒气，何况是人，因此，历史上的暴君鲜有善终的。因为，不仅百姓不拥戴他，天地也要诛杀他，才能保有天地的祥和之气。每见狂风骤雨后的天地，仿佛被洗涤过一般，清爽明亮，便是这个道理。

士大夫爱钱，书香化为铜臭

◎ **我是主持人**

　　人们喻兄弟之情如手足，似骨肉，合在一起恰如美玉。有一个故事是说有个老人临终时，儿子想分家产，老人要他们每人折一支筷子，并让他们明白一支筷子容易折断，多支合在一起却不容易折断的道理。

◎ **原文**

　　亲兄弟折箸，璧合翻作瓜分；士大夫爱钱，书香化为铜臭。

◎ **译文**

　　亲如手足的兄弟如果不团结，即使原本如同美玉一般有价值，分开也如瓜果一般不值钱。读书人太过于爱财，书中的道理也会化为金钱的臭味。

◎ **直播课堂**

　　兄弟之间不仅有友情，更有亲情，照理说较朋友的关系更为深刻，但兄弟之间若失去了这份情感，却连朋友都不如。朋友以利而害，兄弟也往往因利相伤，原为璧合而后瓜分，实在令人伤感，更莫说有煮豆燃萁的那种无情了。虎豹尚且不伤手足，何况是人呢？

读书人当以明理为务，期能一展胸中的理想和抱负，如果太过于爱财，而堕落丧志，书中所学的道理也会因此忘得一干二净。书并没有香气，书中的道理使读书人的心志馨香；钱并没有臭味，钱使人忘却了做人的道理而变得庸俗丑陋，这才是其臭味的所在。

心为形役，尘世马牛

◎ **我是主持人**

心是人的主宰，人与禽兽最大的不同处，便是人有心，会思想。马牛是不会思考的，它们奔波劳碌，方才换得一把粮草，终其一生，都是为了粮草而活。

◎ **原文**

心为形役，尘世马牛；身被名牵，樊笼鸡鹜。

◎ **译文**

人心如果成为形体的奴隶，那么就如同牛马一般活在世上。倘若身心为声名所束缚，那么就如同关在笼中的鸡鸭一样了。

◎ **直播课堂**

人如果为了衣食而奔波，役使自己去做不乐意的事，岂不是同马牛一样了吗？然而，世上有许多衣食无忧的人，却心甘情愿地做马牛，仅为了口体之养而放弃自己的思想，践踏自己的心灵，这岂不较没有思想的马牛更为可悲吗？

名是一种空洞的声音，人却是有形的物体，偏偏许多有形体的人却被一些空洞的声音所束缚，岂不是很可笑。名声能满足的只是虚荣感，虚荣感就像没有实体的花朵一般，得了再多又有何用？而为了这些虚荣所付出的代价却往往十分可观。名声是一种限定，使身心都不得自在。所以，真正有智慧的人要逃避名声，以免为名声所累。

待人留不尽之恩，可维系无厌之人心

◎ 我是主持人

恩惠对于君子而言，并不是最重要的，但在一般人的交往中却很受重视。因为并非每个人都能以心相交，以义留之，既然非亲非故，又非要不可，只好以恩惠留之了。

◎ 原文

待人而留有余不尽之恩，可以维系无厌之人心；御事而留有余不尽之智，可以提防不测之事变。

◎ 译文

对待他人要留一些多余而不竭尽的恩惠，这样才可以维系永远不会满足的人心。处理事情要保留多余而不会竭尽的智慧，这样才可以预防无法预测的变故。

◎ 直播课堂

人心是不能满足的，因此，恩惠也不可断绝，方足以维系无厌的人心。至于知心相交，则要留有余不尽的情义，方足以论交。

做事的时候，智不可以尽使，若有不足的地方，要尽快充实起来，唯有以游刃有余的心来处理事情，方有余力应不测的变化。否则，力已使尽，智已用光，一旦事情发生变化，就再也没有心力加以应付了，而导致前功尽弃，岂不是可惜！

宇宙内事，要担当，又要善摆脱

◎ 我是主持人

人既然生到这个世界，便要有所作为。这个世界很不完美，因此，这个世界有许多事需要改善，明显的如战争和人类种种痛苦的解决，而根本做法则在于人心的改善，这些都必须借助有担当的人才能去做。

◎ 原文

宇宙内事，要担当，又要善摆脱，不担当，则无经世之事业；不摆脱，则无出世之襟期。

◎ 译文

世间的事，既要能够承当担负，又要善于解脱牵绊。若是不能承担，便无法有改善世间的事业；如果不善于解脱牵绊，则无法有超出世间的胸怀。

◎ 直播课堂

人世间有许多事情会使一些有担当的人迷惑，也有许多牵缠会使原本有志的青年改变了方向与初衷。因此，一颗智慧而超脱的心，乃是必要的。梁启超先生曾说，一个有改善世界心志的人，"一生之中，不可无数年住世界外之世界；在一年之中，不可无数月住世界外之世界；在一日之中，不可无数刻住世界外之世界。"否则，"其所负荷之事，愈多愈重，久而久之，将为寻常人所染，而渐与之同化，脑髓也将炙涸，而智慧日损。"所谓世界外之世界即指心中无染无着的方寸之地。那是一片极为宁静的净土，在人世的生活中，不可无这片清明之地，这就是永不干涸的智慧泉源和自由心境。

任他极有见识，看得假认不得真

◎ 我是主持人

生命中，有多少事是虚假的？就算你有再多的学识，也未必能认清这点。因为，学识是外来的，若以妄心去追求学问，所得仍然早班妄。这是智慧的问题，而非知识的问题，知识并不等于智慧。许多极有知识的人，克服不了自己的妄想和欲望，徒然追求虚假，始终看不透。

◎ 原文

任他极有见识，看得假认不得真；随你极有聪明，卖得巧藏不得拙。

◎ 译文

任凭他对事物有多少见解，却常常只看到假处，看不到真处。不管你多么机警聪明，往往只能表现出巧妙之处，而藏不住背后的笨拙。

◎ **直播课堂**

巧和拙是一体的两面，可以说是孪生兄弟；巧的另一面是拙，拙的另一面是巧。许多极聪明的人，常会做出极笨的事而浑然不觉；许多看来愚拙的人，却活得比自认为聪明的人有智慧。智慧不一定是巧妙的东西，刀背虽钝，却比刀刃不易受损，而且具有成为刀刃的潜力。什么是聪明呢？自认为聪明的人往往是最笨的人。真正聪明的人，至少会看到自己的愚笨之处。

量晴较雨，弄月嘲风

◎ **我是主持人**

若想过自得其乐的生活，这不失为一个好方法。种田则衣食无忧，有知心则心不寂寞。弄风嘲月，是一种游戏的态度，如果抱着游戏的态度去种田，自然可以自得其乐。

◎ **原文**

种两顷附郭田，量晴较雨；寻几个知心友，弄月嘲风。

◎ **译文**

在城郊种几块田地，计算着晴雨和气候的变化。交几个知心朋友，玩赏明月清风，欣赏彼此的文章。

◎ 直播课堂

弄风嘲月的游戏态度并非随便或荒怠，而是一种不执著、轻松的心情。以这种心情交朋友，欣赏几篇美妙的文章，是一件多么惬意的事。反之，如果以紧张的心情，去推算气候的变化和讨论文章，那么，种田和看文章都成为苦差事，而明月清风反成为累人的东西了。

趣味往往建立在距离上，如果利害心少了，距离便不那么迫近，就可以用一种艺术的态度去生活，因而兴味盎然。

放得仙佛心下，方名为得道

◎ 我是主持人

所谓"放下"，主要是指心放下。世俗之心放不下，就会与人争名夺利，得之便骄傲，失之便气馁，富贵则改节，潦倒则失志，这就称不上是大丈夫。大丈夫所以能成就大事业，在其能不为俗情所转，而能扭转俗情。

◎ 原文

放得俗人心下，方可为丈夫；放得丈夫心下，方名为仙佛；放得仙佛心下，方名为得道。

◎ 译文

能放得下世俗之心，方能成为真正的大丈夫；能放得下大丈夫之心，方能称为仙佛；能放得下成佛之心，方能彻悟宇宙的真相。

◎ 直播课堂

　　只要我们把心事放下，理智地去应对每一件事，做到对什么事都能看得开，想得明，放得下。把烦恼抛开，少去想那些不切实际的东西，少去为那些不现实的东西烦忧，快乐就会迎面走来。一句话，就是调整好心态，把心事放下，做好自己该做的事情，你就会快乐起来！"放下"是一味开心果，是一味解烦丹，是一道欢喜禅。只要你心无挂碍，什么都看得开、放得下，何愁没有快乐的春莺在啼鸣，何愁没有快乐的泉溪在歌唱，何愁没有快乐的鲜花在绽放！

执拗者福轻，操切者寿夭

◎ 我是主持人

　　通达生命之道的君子，不会谈论命运，因为，他明白培养美好的心性，便能拥有美好的生命。他也不去揣测天意，因为，天意是由人做的事是否正确、是否尽全力来决定的。

◎ 原文

　　执拗者福轻，而圆融之人其禄必厚；操切者寿夭，而宽厚之士其年必长。故君子不言命，养性即所以立命；亦不言天，尽人自可以回天。

◎ 译文

　　性情固执乖戾的人福气很少，而性情圆满融通的人福禄十分丰厚。做事急躁的人寿命短促，而性情宽容沉厚的人寿命长远。所以，君子不谈论命运，修养心性便足以安身立命，亦不讨论天意，以为，尽人事便足以改变天意。

◎ **直播课堂**

  一个人的福分禄命，往往决定于他的性情。什么叫福分呢？并非能吃喝玩乐便是有福分，因为，吃喝玩乐的另一面常是空虚、无聊、堕落，那是苦，不是乐。福气是一个人精神上能经常保持愉悦，这就不是性情执拗的人所能保持的态度了。因为性格太执拗了，只要稍有违逆之事，他便雷霆大怒，如何能常保持精神的愉快呢？凡事若能退一步想，乐于接受他人的建议，做人做事都会愉快顺利得多。

  同样，一个人如果一天到晚操心很多事情，又很性急，就算不得心脏病，也会罹患肠胃病，怎么可能长寿呢？有时性急反而解决不了问题，不如让心情保持冷静，不要让事情因操之过急而乱成一团，也许会发现许多事根本不成问题。即使有事，内心也是清楚明白的，不会被世事折磨得精神不济。

达人撒手悬崖，俗子沉舟苦海

◎ **我是主持人**

  对于一般人而言，他们心中的悬崖处处是人，一旦被挤下去，便掉入无边无际的苦海中。事实上，崖上崖下都是苦恼的大海啊！怕掉下去的人早已沉溺在无边的大海中了。

◎ **原文**

  达人撒手悬崖，俗子沉身苦海。

◎ 译文

通达生命之道的人能够在极危险的境地放手离去，凡夫俗子则沉没在世间的种种苦恼中难以脱离。

◎ 直播课堂

悬崖和苦海都是一种比喻。生命中有许多境地看起来十分危险急迫，例如，濒临破产的边缘，或遭遇恶人的陷害和排挤等。在一般人看来，就好像一只手攀在悬崖上，一松手就会跌下万丈深渊似的。而在通达生命真相的人眼中看来，生命不过短短数十年，不论成功或失败，百年后尽成云烟，只要掌握住内心，不使自己坠入痛苦的深渊，那么，走在生命中的任何阶段，都能如履平地，安然度过。

身世浮名余以梦蝶视之

◎ 我是主持人

庄周梦蝶的寓言，经常被人用来说明生命的非真实性。因为，庄子既然可以梦见自己成为蝴蝶，而且感受又如此真实，那么，又如何知道我们这一生，不是另一个更真实的自己所做的梦呢？

◎ 原文

身世浮名余以梦蝶视之，断不受肉眼相看。

◎ 译文

人世的虚浮声名，我把它当作庄周梦蝶一般，只是事物的变幻，绝不会去看它一眼。

◎ 直播课堂

梦总会醒，即使梦中的一切再真实，却是虚无的。就像人总会死去，生命中的种种情境，在当时曾经血泪交织的事实，乃至于誓死相随的欢爱，日后回想起来，都是一场梦。而生命中的虚累声名，更是梦中之梦了。为梦中的赞美而沾沾自喜，岂不可笑？

有百折不回之真心，才有万变不穷之妙用

◎ 我是主持人

俗话说："熟能生巧"。若凡事只做了一下，遇到困难，便畏难而不思克服，索性放弃，必定一事无成。就好像绿豆，它又称为"铁豆"，很不容易煮烂，必须用火耐心地煮很久才会烂，滋味才会逐渐出来。你想，没有煮烂的绿豆吃起来是什么滋味？

◎ 原文

士人有百折不回之真心，才有万变不穷之妙用。

◎ 译文

一个人对任何事具有百折不挠的坚贞心志，逢到任何变化才有应付裕如的运用力。

◎ 直播课堂

在处理任何事情的过程中，必定有它的困难处，等困难一一克服了，就是平坦大道。譬如走钢索，一旦将心理和生理的种种困难克服了，再加上熟练的技巧，便能在钢索上做出种种奇妙的动作。这妙用难道凭空便可随手拈来吗？妙用是将困难都克服以后，才能显现出来的啊！

立业建功，要从实地着脚

◎ 我是主持人

醉心名誉声闻的人，即使立业建功，也是为己，而非真心为人。不是真心去做的事，究竟是虚为之事，必随声名而改变心志。就如射箭，本欲射靶，却一心以为鸿鹄将至，还能专心射箭吗？真有鸿鹄飞来，心便逐鸟而去了。

◎ 原文

立业建功，事事要从实地着脚；若少慕声闻，便成伪果。讲道修德，念念要从虚处立基；若稍计功效，便落尘情。

◎ 译文

创立事业，建立功绩，都要踏实地做，如果稍微有羡慕声名的想法，便会使原有的成果变得虚假不实。探究道理，修养德性，时时都要从安身立命之处下工夫，如果稍微有计较功效的念头，便落入了世俗的尘垢之念。

◎ 直播课堂

　　讲道修德，最重要的是为了涵养自己的德性，不是为了他人的眼光，也不是为了得到什么好处。若是为了他人眼光而做圣贤样，只是个蹩脚的戏子，不但辛苦，更是可笑。在道德上真正有所得的人，根本不计较他人对自己的看法。计较他人的看法，便是落在世俗尘垢之念上了，道德也就失去了。

有段兢业的心思，又要有段潇洒的趣味

◎ 我是主持人

　　所谓超逸绝俗，有时只是基于对世俗的憎恶，以为绝俗方有真实，而实际上却是一种逃避，这就是另一种严重的心态了。因为，那样便失去了幽默感和趣味性。没有什么真正可憎，也没有什么能真正脱离世间独自存在，生命应在不严重与不放逸中，才是最佳的状态。

◎ 原文

　　学者有段兢业的心思，又要有段潇洒的趣味。

◎ 译文

　　求学的人应该既要有认真对待学业的心情，又要有不拘泥、不迂腐的态度。

◎ 直播课堂

　　这里所说的"假"，并不是虚假的意思，而是一种趣味性和自我收束。对于学问、事业，抱着兢兢业业的态度固然不错，然而变成紧张就不好了。

如果学者通达生命的真实与非真实性，便可知事情并无绝对的严重。因此，所谓的兢业，无非是在悠然之中假借的一种戒慎态度，不但不会使我们的精神过度紧张，反而可以适当地激励自己，使学问、事业有所精进。

无事如有事，时提防

◎ 我是主持人

　　人在安定之中，往往不能看到危急之时；而危急之时，心思又被眼前的危机所震慑，不能定下心来思考解决之道。这都是由于只看到眼前，而不能考虑到另一面的缘故。

◎ 原文

　　无事如有事，时提防，可以弭意外之变。有事如无事，时镇定，可以销局中之危。

◎ 译文

　　在平安无事时，要有所预防，好像随时都会发生事情一般，这样才能消弭意外发生的变化。在发生危机时，要保持镇定的态度，好像没有发生事情一样，才能化险为夷。

◎ 直播课堂

　　人的眼光应常常看到事情的相反面，才能考虑得较为周全，"防患于未然"，"既来之，则安之"。前人的告诫，值得我们深思。

穷通之境未遭，主持之局已定

◎ 我是主持人

其实，每个人都有智慧，只是大多数人都不敢确认罢了。因此，随戏迷情，终要悲叹于白发衰鬓，而对生命有种种悔恨，死犹不甘的大有人在。这些人倒该想想"亡羊补牢未为晚矣！"

◎ 原文

穷通之境未遭，主持之局已定，老病之势未催，生死之关先破。求之今人，谁堪语此？

◎ 译文

在还未遭受贫穷或显达的境遇时，便先确立自我生命的方向；在还未受到年老和疾病的折磨时，预先看破生死的道理。在现今的社会上，能和谁谈论这些呢？

◎ 直播课堂

一般人总要经过种种波折后，才能看透生命的真相，对自己该怎么活才是最好的方式，才会有某种体任。然而，到了有这种体悟的时候，已是中年以上的人了。青春不再，而错误早已铸成。只能在午夜梦回时，顿足长叹："而今才道当时错，心绪低迷，红泪偷垂。"有的人一生就在不经意中度过，过得懵懵懂懂，不知不觉。

枝头秋叶，将落犹然恋树

◎ **我是主持人**

　　黄叶将落不落，在秋风中颤抖摇曳，令人望之酸苦。野鸟一饮一啄，死守旧巢；飞既不及数里，生也不过数年。老鸟死去，幼鸟又如此终其一生。反观大多数人的生命，何尝不是如此呢？

◎ **原文**

　　枝头秋叶，将落犹然恋树；檐前野鸟，除死方得离笼。人之处世，可怜如此。

◎ **译文**

　　秋天树枝上黄叶，即使将要落下，仍然眷恋着枝头。屋檐下的野鸟，除非死去，否则不肯离开它的巢。人生在世，就像这秋叶与野鸟一般可怜。

◎ **直播课堂**

　　谁能视生命如浮云，无所留恋？谁又能像过目的浮云，以天为家？而谁又能阻止生命不像浮云一般消逝？云本无心而出岫，人却有情相挽留。一个要走，一个要留；一个短暂，一个却要长久。生命的可怜与无奈就在这里。然而，又是谁在可怜呢？无非是人让自己可怜罢了！

第五章
厚德君子，自立天下

智慧总是与谦虚相连，哲人的胸怀必然像大海一样宽广。浅薄的忌恨和无知的轻蔑都是既不尊重自己，也不尊重别人的表现。人们常说，播下行为的种子，你就会收获习惯；播下习惯的种子，你就会收获性格；播下性格的种子，你就会收获一定的命运。

刚强，终不胜柔弱

◎ 我是主持人

门之易损，在其不动；而枢之不蠹，在其常动。因为不动，蠹虫才有机可乘；因为常动，蠹虫才无法入侵。枢因为圆，所以仅损摩擦的表面，且能照应各面；门因为方，所以两面皆损，而只能照应一方。偏执与圆融的差别就在此。行事刚强偏执的人应引为借鉴。

◎ 原文

舌存，常见齿亡；刚强，终不胜柔弱。户朽，未闻枢蠹；偏执，岂及乎圆融。

◎ 译文

舌头还存在的时候，往往牙齿都已掉光了，可见刚强总是胜不过柔弱。当门户已朽败时，却不见门轴为蠹虫所侵毁，可见偏执总是比不上圆融。

◎ 直播课堂

老子说："人之生也柔弱，其死也坚强；万物草木之生也柔脆，其死也枯槁。故坚强者，死之徒；柔弱者，生之徒。"这说明了柔弱中的生意，以及刚强中的死意。牙齿极坚硬，我们用它来咀嚼食物，然而它却很容易毁损。舌头虽柔软，却受牙齿的保护，发挥味觉的功能。滴水可以穿石，却依然是水。由此可知，柔能克刚。因此，老子力主"柔弱胜刚强"。

声应气求之夫

◎ 我是主持人

心意相投的两人,绝不在寻行数墨上了解,因为,文字所能表达的非常有限。有时一个眼神,或一个手势,就能使双方尽在不言中。我们说两个人声应气求,等于说他们的频率很接近一样,好像是同一个电台似的。别人怎么拨都找不到那个频道,如同寻行数墨一样,就算找到了,声音也不清楚,甚至根本听不懂呢!

◎ 原文

声应气求之夫,决不在于寻行数墨之士;风行水上之文,决不在于一句一字之奇。

◎ 译文

心意相投的好友,绝不必经由文字斟酌才能互相了解。自然天成的文章,不在于一句或一字的晦涩奇特。

◎ 直播课堂

以"风行水上"来形容文章,可见是出乎自然,所谓"文章本天成,妙手偶得之"。至于"拈断数茎须"之句,虽然不乏警字奇句,但大多有些苦涩之味,若是刻意推敲一字一句之奇,文章必忸怩造作之态,终不能成风行水上之文。所谓"风行水上之文",大概要像苏东坡所说的:"常行于所当行,常止于不可不止。"那样的文章才堪称妙笔天成吧!

才智英敏者，宜以学问摄其躁

◎ 我是主持人

志节激昂的人嫉恶如仇，对社会的看法，往往是正反黑白过于分明。他们如果得不到社会的共鸣和支持，很容易走上偏激的道路。他们对人性需要有更多的了解和宽恕之情。因此，只有通过本身的修养和对生命有更深一层的认识，才能缓和个性中过于激昂的部分。

◎ 原文

才智英敏者，宜以学问摄其躁；气节激昂者，当以德性融其偏。

◎ 译文

才华和智慧敏捷出众的人，最好能用学问来收摄浮躁之气。志气和节操过于激烈高亢的人，应当修养德性来融合个性偏激的地方。

◎ 直播课堂

才智英敏的人反应灵敏，由于天资聪颖，对事情可能不爱多加考虑。但是，"智者千虑，必有一失。"往往他们所作的决定显得操切或浮躁。因为自恃聪明才智，在追求学问上，可能较为偷懒，不肯脚踏实地学习，反而变得志大才疏。这并不是说他们不是良材，只是没有好好琢磨而已。如果他们肯努力在学问上脚踏实地扎根，而不那么急切地想跑想飞的话，成就一定会比许多人都要大。

居轩冕之中，有山林气味

◎ 我是主持人

所谓"山林的气味"，是指达官显贵的人，在胸臆中应保有一点天地的清气。因为富贵荣华易使人迷失本心，而沾染上许多物恋。若名利的欲望太重身心不得自在，就很难保证不会假公济私，做出危害国家利益的事来。

◎ 原文

居轩冕之中，要有山林的气味；处林泉之下，常怀廊庙的经纶。

◎ 译文

在朝为官显达之时，必须要有山间隐士那股清高的志趣。闲居在野的处士和隐者，也应怀抱治理国家的长才，不可忽略国家大事。

◎ 直播课堂

难道隐居山林的人是最"清高"的吗？倒也未必。因为，他们只能独善其身，而无法兼济天下。隐士中如吕尚、诸葛亮者，可说是能处林泉而怀廊庙的人了。他们即使居轩冕之中，也不失其山林气味，因此，既能不老死于山林，徒然过一生，也能不沉溺于轩冕，完成志业。

少言语以当贵，多著述以当富

◎ **我是主持人**

贵是一种自尊。我们说沉默是金，其实，言语何尝不是金？多言就如钱币贬值一般，使言语成为破铜烂铁，一文不值。反之，如果是经过心灵的酝酿，生活的体验和学问的熔铸，将所要讲的话化为文字而著书立说，那么，将是字字珠玑，开启民智。这难道不是精神上的富翁吗？

◎ **原文**

少言语以当贵，多著述以当富，载清名以当车，咀英华以当肉。

◎ **译文**

以少说话为贵，多著书立说为富有；把极好的清名当作车，美好的文章当作肉。

◎ **直播课堂**

有清名的人即使布衣草履，也能使人尊敬；有恶名的人即使乘坐最名贵的轿车，仍然令人厌弃。想要在众人心中的马路上开车奔驰，是不容易的。除非车上载的是清名美誉。至于论到美味，肉的滋味不过一时，而且又太厚腻，吃多了反而伤肠胃。只有美好的文章，才是心灵的丰盛飨宴，耐人寻味，不会使人神昏气怠。所谓"开卷有益"，还是多读书吧！

要做男子，须负刚肠

◎ 我是主持人

什么叫作刚肠？就是一种充满正气、富贵不能淫、威武不能屈的心志；要有为人间伸张正义、为世人打抱不平的抱负。宁为玉碎，不为瓦全，不阿谀，不逢迎。世间男子都应如此。

◎ 原文

要做男子，须负刚肠；欲学古人，当坚苦志。

◎ 译文

要做个真正的大丈夫，必须有一副刚正不阿的心肠。想要学习古人，应当坚定吃苦耐劳的志向。

◎ 直播课堂

孔子说："古之学者为人，今之学者为己。"又说："朝闻道，夕死可矣！"古人讲求的志气和节操，以及生命的价值观，对许多现代人来说，似乎是很难做到的事。大部分人都认为，像古人那样活着太辛苦了。这就是由于物质的发达，使人忽略了精神生命使然。同时，也是因为人性的懦弱和怕吃苦。我们可以发现，古人在物质方面或许没有我们丰富，然而，在精神方面我们却贫乏至极。要学古人并非不可能，但是，终要看我们有没有勇气改变价值尺度。若真能如此，古道就不远了。

烦恼场空，身住清凉世界

◎ 我是主持人

我们的心本来是自在的，却因种种需求的念头而被束缚住了。追求金钱的，他的心就被金钱所束缚；渴望美人的，他的心就被美色所束缚。许多人的心从来没有自由自在过。其实，内心若无非分之想，不论何时何地，我们都是自在的。

◎ 原文

烦恼场空，身住清凉世界；营求念绝，心归自在乾坤。

◎ 译文

将烦恼的世界看破了，此身便能安住在清凉无比的世界里；营营求取的念头断绝了，此心便能在天地间获得自在。

◎ 直播课堂

日本的快川和尚在诸侯织田信长纵火焚烧寺庙时，仍与全体僧众静静打坐。在火堆里，他临终开示徒众两句偈语："安禅何必需山水，灭却心头火亦凉。"当我们烦恼时，好像处在极热的火堆里，一刻都不能安住；而有一些厌世者，极度厌恶这个世界，甚至走上自杀之路。事实上，若能了解一切烦恼的本质其实是空的，也就不会被这些烦恼所干扰了。能如此想，所谓的清凉世界就在心中。像快川和尚在火堆中仍能保有清凉的心境，那是何等的彻悟和定力啊！

斜阳树下，闲随老衲清谭

◎ 我是主持人

诗人是可喜的，他能了解生命的趣味性；诗人也是可悲的，因为，他比一般人更能体会生命的悲剧性与无奈。屈原以言遭忧，心有所感而作《离骚》，后世遂以骚人称诗人。然而，在深雪堂中戏作禁体诗的人们，却像孩童一般快乐呢！

◎ 原文

斜阳树下，闲随老衲清谭；深雪堂中，戏与骚人白战。

◎ 译文

斜阳夕照时，闲适地与老和尚在树下谈论佛理；在下着大雪的日子里，与诗人文士们在厅堂中戏作禁体诗取乐。

◎ 直播课堂

大多数人都把自己投掷在永不休止的追逐中，如果徒然把他喝住，问他："你到底要什么？"大概很多人都答不出来。即使答出来，在老和尚的眼中看来，也是微不足道的事。

宁为真士夫，不为假道学

◎ 我是主持人

人如果无品德，即使享有富贵荣华，也毫无价值。像萧艾臭草，就算遍地皆是，徒惹人厌。

古人以温润的玉和兰草的芬芳，来象征君子的德行美好，人生在世，究竟是要像兰草美玉，还是要像萧艾？但看各人的取舍了。

◎ 原文

宁为真士夫，不为假道学；宁为兰摧玉折，不作萧敷艾荣。

◎ 译文

宁愿做一个真正的读书人，而不做一个伪装有道德学问的人。宁愿像兰草一般摧折，美玉一般粉碎，也不要像贱草萧艾生长得很茂盛。

◎ 直播课堂

真正的道德学问是难得的，所以才值得尊敬。正因为如此，有些人便伪装有道德学问的样子，渴望获得别人的尊敬。最糟的是，他能获得众人的信任，却不是真正拥有道德学问，很可能会误导众人。至于他生命的真实性和进步，早就被他自己给毁了。因此，我们要活得真实，不仅对他人如此，对自己更是如此。

觑破兴衰究竟，人我得失冰消

◎ 我是主持人

繁华如昙花一现，寂寞则真实而长久。一般人总喜欢繁华热闹，害怕寂寞的情景，但是，无可避免的，所有的繁华都将归于寂寞。明白这点，对于繁华就不会过度执著与渴望，对生命也能抱着比较平实的态度。

◎ 原文

觑破兴衰究竟，人我得失冰消；阅尽寂寞繁华，豪杰心肠灰冷。

◎ 译文

看破了人世兴衰最后的结果，就能使种种得失之心如冰块一般消融。看尽了冷清寂寞和奢侈繁华的情景，便可使定要成为英雄豪杰的心肠如灰一般冷却。

◎ 直播课堂

兴和衰本来就是一体的两面，因此看到"兴"的时候，便能预知"衰"；看到"得"的时候，也能预知"失"。明了这一点，许多事情就没什么可争的，余下来的便是一种纯粹的努力。一般人的努力当中，常常夹杂着得失心，一旦将得失心放下，心境就能常保愉快。

名山乏侣，不解壁上芒鞋

◎ **我是主持人**

对于美景，每个人的感受都不相同。诗人能借着生花妙笔，将内心的感受表达出来，使异地异时的人读了，如亲身体验一般，令人心动。因此，对于诗人而言，面对美景而无诗，不免感到辜负了这片好山好水，而长叹"徒携锦囊"了。

◎ **原文**

名山乏侣，不解壁上芒鞋；好景无诗，虚怀囊中锦字。

◎ **译文**

山水名胜，如果缺乏知心伴侣同游，也要任草鞋挂在墙壁上，不想拿下来穿。面对美好的风景，却无法写出一首好诗，就算带着锦囊也是徒然。

◎ **直播课堂**

风景名胜，如果没有好友同游，总觉得好像少了些什么。人的情感需要共鸣，尤其是面对良辰美景时，若能与好友共赏，才能称得上是人间至乐。否则，一个人踽踽独行，难免有几许落寞。因此，若无好友，即使有山水名胜也懒得登临，草鞋也只好任它挂在墙上了。

是技皆可成名天下

◎ 我是主持人

成名并不难，要看人的用功专不专精；只要专精，即使在一粒米上刻字，也足以名闻天下。有很多人是样样通，样样松，结果一样也做不成功。

◎ 原文

是技皆可成名天下，惟无技之人最苦；片技即足以自立天下，惟多技之人最劳。

◎ 译文

只要有专门的本领，就可以在世上建立声名，唯有那没有一技之长的人活得最痛苦。只要专精一种技能，便足以凭自己的力量过活，但是，会的事情太多，反而活得很辛劳。

◎ 直播课堂

人若一样专长都没有，那么，想要自立自足就很困难。人若具备谋生的技艺，才不会无以为生被社会淘汰。一个人若会的事情很多，而且均专精的话，那就会变成"能者多劳"了。

乘桴浮海，雪浪里群傍闲鸥

◎ **我是主持人**

登高望远，整个凡尘都在脚下，俯瞰自己所住的世界，才发觉自己是活在多么小的一片天地里！为了一些小小的事情弄得自己整日闷闷不乐，是多么的愚蠢啊！在山间遇到的老和尚，过的又是怎样的一种生活呢？海和山给人的感觉都是辽阔的，相对的，也让人感觉到自己的渺小，人世间的许多名利得失，也就不再那么值得计较了。

◎ **原文**

着履登山，翠微中独逢老衲；乘桴浮海，雪浪里群傍闲鸥。才士不妨泛驾，辕下驹吾弗愿也；诤臣岂合模棱，殿上虎君无尤焉。

◎ **译文**

穿着草鞋登山，在青翠的山色中单独遇见了老和尚；乘着木筏在海上漂流，雪白的浪花旁伴随着成群的海鸥，有才能的人不妨到山巅海涯去过日子吧！像车辕下驹马那般拘束的生活，实在不是我心所愿啊！作为一个直言进谏的臣子，怎能说一些模棱两可的话呢？坐在殿上像老虎一般威猛的君主，难道不会生气吗？

◎ **直播课堂**

孔子说："道不行，乘桴浮于海。"这只是一句感叹的话，孔子是舍不得出世的。自古以来，知识分子间就有两种截然不同的生活态度：一为出世，一为入世。当然，后者是困难得多了。前者只是自清，而后者却想清天下。古代是君主专制的时代，一句话说不好是要杀头的，因此，许多知识分子在朝廷为官，都惶惶不可终日。以至于在理想抱负既不能伸展，身心又十分局促不安的情形下，情愿去过隐士生活了。话说回来，在今日的工业社会，要找到真正适合隐居的地方，还真不容易，不禁令人想起陶渊明的话来："结庐在人境，而无车马喧。问君何能尔？心远地自偏。"

宁为薄幸狂夫，不作厚颜君子

◎ 我是主持人

骂座固然违反了礼数，但却显露了真情。与其过分谦恭而流于虚伪造作，不如做个性情真切的狂狷之徒。

◎ 原文

吟诗劣于讲书，骂座恶于足恭。两而揆之，宁为薄幸狂夫，不作厚颜君子。

◎ 译文

讲解书中的道理好像比吟诗更容易令人有所得，在座上对人破口大骂，看来当然比过分恭敬要坏得多。然而，两相比较之下，宁愿做个轻薄狂狷的人，也不要做个厚脸皮的君子。

◎ 直播课堂

讲解书中的知识，似乎较容易为人接受，也容易让人感到有所收获。

但是，并非每个人都能把道理讲得透彻，往往有些人，自己没有渊博的学问，却喜欢做个误导学子的教授。与其如此，倒不如关起门来，自个儿吟诗，就算别人听到了，也可以在感性上直接予以认同或否定，不至于在知识上走错了路。

魑魅满前，笑著阮家无鬼论

◎ 我是主持人

　　每个人见了刘褒的北风图，都忍不住觉得寒冷，可见画中的情景何其萧飒！人热衷于尘世的喧嚣，为欲望而奔走，有如将一颗心置于热火沸汤之中。不如去看看北风图，或许能浇熄心头的烈焰，让自己得到一些清凉。

◎ 原文

　　魑魅满前，笑著阮家无鬼论；炎嚣阅世，愁披刘氏《北风图》。气夺山川，色结烟霞。

◎ 译文

　　眼前尽是阴险狡诈如鬼的人，而阮瞻却主张无鬼论，真是可笑。看着这熙熙攘攘、争逐不已的尘世，不禁满怀忧愁地披览刘褒的《北风图》，它的气势盖过了山川，墨色纠结了烟霞的郁气。

◎ 直播课堂

　　鬼岂在鬼形？人若尽做些见不得人的事，等于是人形之鬼，连鬼见了都要自叹不如。与阮瞻辩论的那个客人，因为说不过他，才现出鬼形，以表示"事实胜于雄辩"。倘若人的外形会随着心而改变，就不必劳驾这位鬼兄来为鬼辩解，相信阮瞻也不会主张"无鬼论"了。

至音不合众听，故伯牙绝弦

◎ 我是主持人

太美好的事物，众人往往难以体会；太珍贵的东西，众人也不容易了解。因为，大家看惯的都是平常的事物，品味也跟随着流俗。所以，曲高和寡。伯牙绝弦，是因为像钟子期那样的知音恐怕很难再寻觅到了。既无知音，不如绝弦吧！

◎ 原文

至音不合众听，故伯牙绝弦；至宝不同众好，故卞和泣玉。

◎ 译文

格调太高的音乐很难让众人接受，所以，伯牙在钟子期死后便不再弹琴。最珍贵的宝物很难让众人喜爱，因此，卞和才会抱着玉在荆山下面哭泣。

◎ 直播课堂

太珍贵的宝物，往往不为人所认识。因为大多数人都没见过，所以也就不认为那是珍宝。人们的价值，常常建立在比较上，没有东西可堪比拟的宝物，往往就被误认为毫无价值。就像我们的心，它甚至比和氏璧更珍贵，又有多少人能真正去认知而体会呢？

世人白昼寐语

◎ 我是主持人
　　一个人一天所讲的话，有多少昏话、废话、无聊话、空话、醉话、客套话，以及不得不说的话呢？这些话很少有真实性。如果把人一天所说的话录下来，也许，我们会发现自己说了一天的"梦话"呢！

◎ 原文
　　世人白昼寐语，苟能寐中作白昼语，可谓常惺惺矣。

◎ 译文
　　世上的人白日里尽讲些梦话，倘若能在睡梦中讲清醒时该讲的话，这人可说是能常常保持觉醒的状态了。

◎ 直播课堂
　　倘若在梦中都能知道这是梦，而不为梦所惑，就像一个人身处扰攘的世界，能不为外界所迷惑一样，这个人可以说是极清醒了。禅定有相当火候的人，在梦中清清楚楚，毫不颠倒，处在如梦的世间，也一样不会被世俗的事物所迷惑，这种人真可谓之"常惺惺"了。只是，能有几人如此呢？

拨开世上尘氛

◎ 我是主持人

得失心太重的人，如果得不到所要的，心中的渴望如火一般煎熬；如果失去了，又仿佛掉落在万丈的冰谷中一般。在追求获取的路上，每天汲汲营营，不得休息。认真思量，还不是受了尘世名利的驱使。若能抛却诸般纷扰，胸中的火自灭，冰自融，便能活得安然自在。

◎ 原文

拨开世上尘氛，胸中自无火炎冰兢；消却心中鄙吝，眼前时有月到风来。

◎ 译文

能放下尘世的纷扰，心中就不会像火炙一般焦灼渴望，也不会如履薄冰一般不安恐惧；除去心中的卑鄙与吝啬，已然可以感受到如同清风明月一般的心境。

◎ 直播课堂

明月清风无处不在，就像我们每个人的心中都有一片最清明的本性。心怀鄙吝的人却见不到这无处不在的明月清风，因为，他的心眼已被鄙吝的乌云所遮住了，他的身子也躲在鄙吝的蜗牛壳中，感受不到这自然无伪的气息。难道是他的天赋不如人吗？或者是他没有这么美好的本性呢？实在是因为他不肯放下心中的鄙吝啊！

才子安心草舍者，足登玉堂

◎ 我是主持人

有才或有德的人并不少，但有才又有德的人就不多了。孔子说："不义而富且贵，于我如浮云。"有才之人又有几个能如此想？若能怀抱才学，而又安于茅舍生活，一旦为官，必能造福天下人，不至于自私自利。

◎ 原文

才子安心草舍者，足登玉堂；佳人适意蓬门者，堪贮金屋。

◎ 译文

有才能的读书人，若能安居在茅草搭成的屋子中，那么，他就足以担任朝廷的官职。美丽的女子能不嫌贫爱富，肯嫁到贫家的，那么，她就值得令人为她建造金屋。

◎ 直播课堂

美丽的女子，往往自恃其美丽而有骄慢之心，倘若在这种恶劣的环境下，她犹自能憬悟美丽本身的虚幻，看破富贵贫贱肯下嫁蓬门，与之同甘共苦，可说是内心最美丽的女子了。然而世人往往只看到表面，而仅将一具美丽的躯壳，放在舍屋中，待其老时，发现只是舍屋中住了一只母夜叉罢了。

喜传语者，不可与语

◎ 我是主持人

喜欢传话的人，一定守不住秘密，他们有一个共同的毛病，就是喜欢加油添醋，夸大炫耀。如何能和这种人谈心中的话呢？

◎ 原文

喜传语者，不可与语；好议事者，不可图事。

◎ 译文

喜欢把听到的话到处说给别人知道的人，最好少和他讲话。一天到晚喜好议论事情的人，不要和他一起计划事情。

◎ 直播课堂

喜好谈论事情的人，他们很可能和你大谈为文之道，但是却从未写过任何可看的文章，他们很可能在讨论一座规模最庞大的养鸡场，实际上，他们只有一个鸡蛋，还不知孵不孵得出来。像这样的人你能和他共谋大业吗？故交朋友是要有选择的。

昨日之非不可留

◎ 我是主持人

有一句谚语说："如果你舍不得夕阳，你便会失去满天繁星。"生活的智慧是不要执著，不要让欲望生根；如果你能不执取一切，你便能不舍弃一切。"无取无舍"是最好的生活态度。

◎ 原文

昨日之非不可留，留之则根烬复萌，而尘情终累乎理趣。今日之是不可执，执之则渣滓未化，而理趣反转为欲根。

◎ 译文

过去犯下的错误不可再留下一点，否则，会使已改的错误行为再度萌生，这就是因俗情而使理想趣味受到连累了。今日认为正确而喜爱的生活、事物，不可太执著，太执著就是尚未得到理趣的精髓，反而使得理趣转变成欲望的根苗。

◎ 直播课堂

陶渊明曾言，"今是而昨非"乃是指"心为形役"的小吏生活，违反了他自然的本性。我们经常为了口腹而委屈自己的心，使自己过着一种不合乎本性的生活。倘若陶渊明也像我们一般牵挂着俗情，那么，历史上可能只会多一个不快乐的小官，而不会有那么多美好的诗篇了。

炫奇之疾，医以平易

◎ 我是主持人

"炫奇"为病，因其出自一种浮夸的心理。这种心理很可能使人变卖田产，去买一只钻戒；也很可能使一个读书人放弃平实的学问，高谈哗众取宠的言论。真正的智慧，是存在于平易当中的，因此，要以平易来医治炫耀的毛病。

◎ 原文

炫奇之疾，医以平易；英发之疾，医以深沉；阔大之疾，医以充实。

◎ 译文

好以奇特炫耀于人的毛病，要用简易平淡来医治；好把才智表现在外的毛病，要用深刻沉潜来矫正。言行迂阔，大而无当的毛病，要以充实的内涵来改正。

◎ 直播课堂

喜欢把才智显露在外的人，大都欠缺沉潜之气，难免会树大招风，引来祸患。因此，医治锋芒毕露的良方，就是深刻沉潜的功夫，而那些好讲大话的人，内在可能不够充实，易流于肤浅之见。因此，先教他们充实自己的内在，才能去除迂阔自大的恶习。

人常想病时，则尘心便减

◎ 我是主持人

什么"道念"呢？就是追求生命的真实和永恒的念头。人在面对死亡的时候，才会感到生命的虚幻无常，而在原本虚幻的生命中，又有许多追求，生命更加不真实。因此，古来许多有智慧的人，能看破生命这一层虚伪的表象，转而追求另一种更真实、不生不灭而永恒的生命。

◎ 原文

人常想病时，则尘心便减；人常想死时，则道念自生。

◎ 译文

人常常想到生病的时候，许多的尘想俗念就会一扫而空；人常常想到死亡之时，则追求真实而永恒生命的念头便自然而生。

◎ 直播课堂

人在年轻力壮时，往往无法察觉到生命的有限性。一旦病倒了，才会猛然领悟到，原来生命是那么的脆弱。这可以迫使他对生命再反省，对自己的脚步和方向再做认定。经过这种反省和观照，他必会舍弃一些无意义的追逐，而在未来的岁月中，过着一种较真实的生活。至于一般人，如果常常想到生病的情状，心中的热切火焰，也许会转弱些吧！

恩爱吾之仇也，富贵身之累也

◎ 我是主持人

许多事我们都可以从反面来思考，众人都要的东西，不一定就是好的。"恩爱吾之仇也，富贵身之累也。"是对情爱和富贵的真实性有了某种程度的反省，才讲得出来的。

◎ 原文

恩爱吾之仇也，富贵身之累也。

◎ 译文

恩情蜜爱是我的仇敌，富贵荣华足以拖累身心。

◎ 直播课堂

世人都渴望甜蜜的爱情和财富地位，然而，有几人能获得呢？如果得不到，大部分人对生命便失望、沮丧，有的人甚至一生因此而愁惨、黯淡。难道生命仅仅如此吗？多少人是用恩爱和富贵为自己做了一个精致的牢笼呢？一旦走出牢笼，反而不知道该怎么活了。很多人活着只是像一只金丝雀或画眉，但是，对于那些在天空任意飞翔惯了的苍鹰或鸥鸟，任何笼子对它而言都是仇敌。

人生有书可读，享世间清福

◎ **我是主持人**

　　书是人类心灵空间的展现。在过去，并非每个人都有机会读书，因此，能读书是件非常难得的事。同时，在印刷术不发达的时代，书本也是很昂贵的，不一定每个人都买得起。所以，既有书，又有时间和金钱去读书，当然是一件很幸福的事了。

◎ **原文**

　　人生有书可读，有暇得读，有资能读，又涵养之，如不识字人，是谓善读书者。享世间清福，未有过于此也。

◎ **译文**

　　人生在世，若能有书可读，又能有空闲的时间读书，同时又不缺钱买书；虽然读了许多书，却自我修养丝毫不被文字、学问所局限，就可说是善于读书的人了。能享世间清闲之福的，恐怕没有超过这个了。

◎ **直播课堂**

　　在现代，教育普及，读书已成为很普通的一件事，问题在于那么多美好的心灵空间为你开放，你是否愿意进入。有些人是这样的，在学校内被迫读许多自己不喜欢看的书，出了学校之后，就不想再读书了。又有些人，不读书的理由是没有时间，但是，他们却把时间浪费在无聊的事物上。所以，在现代，能进入书本的广阔世界，悠游其中的，仍是有福的人。

为什么说虽然读了许多书，却要"涵养如不识字之人"，才算是善于读书呢？因为，任何书本都只能算是一种意见，而未必是一种真理。许多人读到最后在面对生命本身和生活时，都隔着一层死文字障。要知道任何书教导我们的，只是如何把生命过得更好，而文字本身并非生命，因此，读了很多书而又能运用自如，如同不识字之人的，才是真正得到了书的意旨。

古之人，今之人

◎ 我是主持人

古人之心很质直，是好是坏都不加以掩饰，就像玉器一样，是瑕是瑜都十分明白。现代人的心思十分灵巧，懂得虚伪掩饰，因此，往往令人难以分辨真伪，也许要经过很长的时间，才能发现对方的真面目。

◎ 原文

古之人如陈玉石于市肆，瑕瑜不掩。今之人，如货古玩于时贾，真伪难知。

◎ 译文

古代的人，就好像陈列在市场店铺之中的玉石，无论过失或美德都不加以掩饰。现代的人，就好像向商人买的古玩，是真是假很难知道。

◎ 直播课堂

现代人戴着重重面具与人交往，有时连自己都弄不清哪个才是真实的自己。就以饮酒来说，古人饮酒是把臂言欢，坦诚相见；现代人饮酒却是有目的的，恨不得把对方灌醉，好签一张有利于自己的合同。现代人活得好像戏子一样，在人生舞台上，每个人都十分寂寞。

己情不可纵，人情不可拂

◎ 我是主持人

人常常讲如何克服外界的困难，却不知道问题的根源就在自己本身。能战胜自己的人，才能战胜一切。古来有许多英雄人物，都是毁于纵情；情不可纵，因为，情欲如水流，放纵即横流决堤。因此，应以"忍"字待之，压抑限制，千万不要顺遂情欲的念头。

◎ 原文

己情不可纵，当用逆之法制之，其道在一忍字。人情不可拂，当用顺之法制之，其道在一恕字。

◎ 译文

人本身的情念欲望不可太放纵，应当要自我限制，主要的方法就在一个"忍"字。他人所要求的事情有时不可拂逆，这时就要顺着对方的愿望，而自己要怀着宽恕谅解的心情。

◎ 直播课堂

他人往往有许多要求，有时对自己本身会造成一些困扰，但是却也拒绝不了，这时只以一种宽容、体谅对方的心情，去顺遂对方的要求。我们常说要顺随人情，随和处世，可知这是要内心存着"恕"道，才能做得到的。时时想着人情之常，才能愉快地与人相处。

人言天不禁人富贵

◎ 我是主持人

人心中有事，则不得清闲，即使在睡梦中也一样。而醒来之时，更是驱赶此身，作无尽的追求。问问大多数的人，为什么他们这么忙？你会发现，大家都不满意当前的环境。

◎ 原文

人言天不禁人富贵，而禁人清闲，人自不闲耳。若能随遇而安，不图将来，不追既往，不蔽目前，何不清闲之有？

◎ 译文

有人说，老天不禁止人富贵荣达，却禁止人过得清闲自在。其实，只是人自己不肯清闲下来罢了。如果能安于所处的环境，不图谋将来，不追悔过去，也不被眼前的事物所蒙蔽，那么，哪有不清闲的道理呢？

◎ 直播课堂

若去看看深山茅棚的僧人、樵夫，便会发现，他们的生活比尘世忙碌的人简单朴实多了，然而，他们却一身的清闲。于是，你会感叹，生活中有许多东西，实在不是绝对的必要。

观世态之极幻

◎ 我是主持人

世间情味，有多少昏昧？而流水不息，启发我们"不住"的智慧。若能不住于一切，就不会像岸上之花，临流照影，为凋零而黯然神伤；也不会像溪边人影，年年来照白头。我们的心灵应如流水，鉴照一切繁花衰鬓，却不带走任何影像。

◎ 原文

观世态之极幻，则浮云转有常情；咀世味之昏空，则流水翻多浓旨。

◎ 译文

观看世间种种情态变幻无常，天上的浮云，反而比人情世态还更有常情可循；咀嚼世间滋味昏昧空洞，倒不如潺潺的流水，更能说明深厚的意旨。

◎ 直播课堂

世间唯有"变"才是常态吧！浮云的变化明显可见，然而，生命的变化却毫无道理可寻。我们指着沧海说："这里过去原是桑田。"安知它过去不曾为高山？无论高山或桑田，于今看来都如同幻象一般，所以说，时空都是幻象。天上的浮云不断变化，不停诉说着"变"才是"常"。

贫士肯济人，才是性天中惠泽

◎ 我是主持人

人在喧闹的场合中，往往不易把持自己，若能不为所动，沉静而笃实地求学读书，那才算是在心性上下了工夫，所读的书，也才真正算是用来修养心性。许多人读书，并未读到心里去，读了半天，自己的习性气质一点也没改变，这种人读再多的书，也没有用。

◎ 原文

贫士肯济人，才是性天中惠泽；闹场能笃学，方为心地上工夫。

◎ 译文

贫穷的人肯帮助他人，才是天性中的仁惠与德泽；在喧闹的环境中，仍能笃实地学习，才算是在心境上下了工夫。

◎ 直播课堂

同样是贫穷的人，有的是"人贫心不贫"，也有的是"人贫心亦贫"；正如同富人之中，有"人富心亦富"和"人富心更贫"的区别。富人而能施舍，倒还不难；贫士而肯助人，就十分难得了。像这样的穷人，虽然物质十分匮乏，心灵却是非常富足的。因为，他有一颗高贵的慈悲心。能把自己天性之中的仁惠德泽，表现得最为透彻的，就是这种人了。

了心自了事，逃世不逃名

◎ **我是主持人**

人世间的一切事，皆由心生，亦由心灭。心如果不生，自然也就没有什么好灭的。因此，事情之所以无法了结，往往是我们自己心中还眷恋不舍。若能彻底去除这层"心理障碍"，就没有什么事不能解决了。"斩草不除根，春风吹又生。"我们的心就是一切事物的根啊！

◎ **原文**

了心自了事，犹根拔而草不生；逃世不逃名，似膻存而蚋还集。

◎ **译文**

能在心中将事情了结，事情便自会结束，就好像把根拔掉了，草就不会再生长一样；虽然逃离尘世，隐居山林，但是，内心仍对名声念念不忘，就好像没有将腥膻的气味完全除去，还是会招惹蚊蝇一样。

◎ **直播课堂**

名之一字，虽处山林仍不能避免，名人居于山林，俗人便寻到山林。逃世而不逃名，终将以尘俗的名心换山林的清心。然而，正如了了心事一般，逃名逃世也在此心，名心便是尘俗之根，根若不去，俗务如何能了？

自悟之了了，自得之休休

◎ **我是主持人**

语言可以传达经验的结论，却无法传达经验的本身。他人的经验，尽管描写得十分详尽，对自己而言，还是隔靴搔痒。每个人的智慧和经验的累积并不相同，因此，他人的见解，未必能合乎自己的需要。所谓"如人饮水，冷暖自知。"就是这个道理。所以说自己领悟的道理，必能清楚分明，不再迷惑。

◎ **原文**

事理因人言而悟者，有悟还有迷，总不如自悟之了了。意兴从外境而得者，有得还有失，总不如自得之休休。

◎ **译文**

若是因他人的话而领悟事情的道理，将来一定还会再迷惑，总不如由自己亲身领悟来得清楚分明。由外界环境而产生的意趣和兴味，将来还会再失去，总不如自得于心能得到真正的快乐。

◎ **直播课堂**

由环境而得的意兴，等环境变迁时，往往随之消失，因为，它是依附环境而生的。至于由自己心中所生出来自得其乐的情怀，则永远不会失去。人要懂得让自己心情开朗愉快的方法，不要被环境所左右。若能如此，这个人便得到了快乐的秘诀。

豪杰向简淡中求

◎ **我是主持人**

　　一个人之所以能够成为豪杰，无论其天赋多高，总是要经历艰苦与奋斗，才能闯出一番功业。我们读古今伟人的传记，可以发现，伟人的生活态度都十分勤奋而简朴，即使成功了，也不改初衷。因为，他们把所有的精力，都放在自我充实和努力功业上，不像一般人，都用来追求生活的舒适。豪杰是在艰难中磨练出来的，而不是从锦衣玉食中喂出来的。

◎ **原文**

　　豪杰向简淡中求，神仙从忠孝上起。

◎ **译文**

　　才智出众的人要从简单平淡中去求，要成为神仙先要从忠孝二字上做起。

◎ **直播课堂**

　　节俭并不是对生活的一种苛求，可以说它是一种生活的智慧，是对自己所拥有的资源进行合理配置的方法和艺术，它不仅能使我们的财富更多一些，而且能使得我们的生活更有情趣，更具有挑战性。不懂得"俭"字的人，不知道如何成功，任何成功的事业都在于点滴的积累；不懂得"俭"字的人，只会丧失成功，过分的骄奢多败人品质。"俭以养德"，为人做事之良训。

浇花种树，亦是道人之魔障

◎ 我是主持人

朋友欢宴，有时的确很愉快，有时却也很烦人。对于喜欢清静的人而言，招客留宾，偶一为之尚为可喜，多了就成为苦差事了。因为，太多人在一起，难免喧嚣、浮躁。至于饮酒划拳，杯盘狼藉，看见众人烂醉如泥，内心就更觉得清静尤其可喜了。

◎ 原文

招客留宾，为欢可喜，未断尘世之扳援。浇花种树，嗜好虽清，亦是道人之魔障。

◎ 译文

招呼、款待宾客，虽然大家十分欢乐，却是无法了断尘情的挽留。喜欢浇浇花，种种树，这种嗜好虽然十分清雅，但也是修道的障碍。

◎ 直播课堂

浇花种树，固然是清雅之趣，如果执著了，反而是修道上的障碍。修道之人，对一切事物应无牵无挂，若因浇花植木，对花木产生不舍之情，就背"道"而驰了。

第六章
破除烦恼，尽心利济

烦恼就像一只蜘蛛一样，在给自己编织一张网，这张网就是烦恼网，你的烦恼越多，编织的这张网就越大，如果把烦恼全部放在身边，编织的这张网就越大，失去的本性就越多，所以不要把自己的烦恼，像蜘蛛一样，在心中编织一张网。如果你不把烦恼放在心上，就不会有烦恼。

天下有一言之微

◎ 我是主持人

人为万物之灵，因其有心灵的力量。而天地万物，大而宇宙间众星罗列，日月运转；小而春夏递换，霜露雨电，无不有其灵明之性，方能丝毫不乱。

◎ 原文

天下有一言之微，而千古如新；一字之义，而百世如见者，安可泯灭之？故风、雷、雨、露，天之灵；山、川、民、物，地之灵；语、言、文、字，人之灵。此三才之用，无非一灵以神其间，而又何可泯灭之？

◎ 译文

天下有像一句话那么微小，流传千古之后，听来犹感觉新颖而毫不陈旧的；有一字的意义，百世之后读它，还仿佛亲眼看见一般真实的。像这些，怎么可以让它消灭呢？风、雷、雨、露为天的灵气；山、川、民、物为地的灵气；语、言、文、字则是人的灵气。仔细观察天、地、人三才所呈现出来的种种现象，无非是"灵"使得它们神妙难尽，我们岂可让这灵性消失泯灭呢？

◎ 直播课堂

人类的文化，最初是通过语言文字而表现的，因此，文字是人类心灵的记录。倘若没有语言文字，人类文明将无从建立与累积。风雷雨露是天的表现。山川民物是大地所孕育，语言文字则为人类的智慧，这些现象的背后，便是心灵的力量在推动一切。我们欣赏自然界所赋予的种种美景时，正是和大自然的灵性相沟通，所以，这是一个心灵的宇宙。掌握了这心灵宇宙的钥匙，对万物才能真正地心领神会。

人生三乐

◎ 我是主持人

人在宁静之中心绪像秋水一样清澈，可以见到心性的本来面貌。在安闲中气度从容不迫，可以认识心性的本原之所在。在淡泊中意念情趣谦和愉悦，可以得到心性的真正体味。

◎ 原文

闭门阅佛书，开门接佳客，出门寻山水，此人生三乐。

◎ 译文

将门关起来阅读佛经，开门迎接志趣相投的友人，出门寻找美好的山水，这是人生三大乐事。

◎ 直播课堂

闭门阅佛经，是与自我生命的本源沟通；开门纳佳客，则是与人忘情交往；那么，出门寻山水，便是与自然神交了。大自然有无限的美景，无尽的神态；在欣赏大自然时，我们仿佛回到生命最初的本源。天人合一的快乐，何可言喻？

眼里无点灰尘，方可读书千卷

◎ 我是主持人

读书人抱着先入为主的成见来看书，永远只看到自己所赞成的，而看不到与自己相反的意见。这就像戴了一副有颜色的眼镜，看天底下的事物一般。像这样，看再多的书也只会加深成见。一个人想要博览众籍，首先便要虚怀若谷，否则，智慧的河川将永远干涸。

◎ 原文

眼里无点灰尘，方可读书千卷；胸中没些渣滓，才能处世一番。

◎ 译文

眼中没有一点成见，才可以广涉众籍。胸怀中对人对事能不生不满或执情，处世才能圆融。

◎ 直播课堂

人和人之间的相处，难免会有些摩擦，事情也往往有不尽如人意的地方，若把这些都放在心上，生活就变得很不愉快了。我们的心思要清楚明白，对事情也要有正确的主张，但是，处世的方法要圆融，做事的态度也要虚心。让我们的心像明镜一般澄澈，任何事物都能照得十分清楚，且都能接受。

不作风波于世上

◎ 我是主持人

渴望和失望往往是成正比的。如果,一个人的欲望太大,整日就会被自己的欲望所驱策,好像胸中燃烧着熊熊烈火一样。一旦受到了挫折,他又好像掉入寒冷的冰窖中。

◎ 原文

不作风波于世上,自无冰炭到胸中。

◎ 译文

不对人世间的欲望作无尽的追求,既没有受挫折时寒冷如冰的感觉,也没有追求时热烈如炭的心情。

◎ 直播课堂

其实,无论是热烈如火,还是寒冷如冰,都是自己造成的。大部分人都活在这种自我折磨中,不是受无尽欲望的鞭打,就是将自己生命的价值,完全寄托在外界对自己的看法。许多人在生命的激流中覆舟,以为自己就此死去,但是,如果他们能沉潜到激流的底层,便可以发现,在波涛汹涌的生命表象之下,原来生命的本身是如此宁静而无所欠缺。在这里,没有冰也没有炭,只有如鱼得水般不尽的悠然乐趣。

无事而忧，便是一座活地狱

◎ 我是主持人

忧愁算不算地狱呢？当然也算。最大的地狱，莫过于人自设的地狱，别人是无法将它打开的。人可以自救，但是，大多数人却不相信。天底下并没有什么事能够让人完全绝望的，因为，无论是好是坏，都无法在这世间久住，包括我们的生命也是如此。如果看透了这一层道理，生命中就没有什么事真正能够让我们忧伤不已了。

◎ 原文

无事而忧，对景不乐，即自家亦不知是何缘故，这便是一座活地狱，更说什么铜床铁柱，剑树刀山也。

◎ 译文

没什么事却烦忧不已，对着良辰美景一点也不快乐，连自己也不知道为什么会如此，这样的人生如同活在地狱中一般，何必再说什么地狱中的热铜床、烧铁柱，以及插满剑的树和插满刀的山呢？

◎ 直播课堂

俗话说：世上本无事，庸人自扰之。确实，生活中有许多烦恼完全是你自找的。一个人把烦恼寄给流逝的时光，收到的是天天烦恼；把烦恼转嫁给别人，到头来仍然是自寻烦恼；把烦恼流放到云天沃野，最终，你会感到，人生处处充满烦恼。

必出世者，方能入世

◎ **我是主持人**

人世间有许多事情，容易让我们迷失自己，倘若我们没有智慧，就很可能迷恋而不自拔。一旦我们无法掌握自己生活的方向时，那么，我们活得就像傀儡一样，我们的生命便是坠落了。所谓出世的襟怀，便是一种看透世间种种现象的智慧，能够对外界不起贪恋爱慕的心思。

◎ **原文**

必出世者，方能入世，不则世缘易堕。必入世者，方能出世，不则空趣难持。

◎ **译文**

怀有一定要出世的襟怀，才能深入世间，否则，在尘世中便易受种种攀缠而堕落。一定要深入世间，才能真正地出世，否则，就不容易长久地待在空的境界里。

◎ **直播课堂**

具有这种超越世事的心怀，便能够在世间做任何事而不至于坠落，掌握自己生命方向而不被掌握。未曾经历人间事的人，不易看透人间事的本质。

人有一字不识，而多诗意

◎ 我是主持人

诗意并不在字，禅意也并不在偈，正如酒意之不在酒，画意之不在石一样，那么，诗意、禅意、酒意、画意到底在哪里呢？就在我们的心中。

◎ 原文

人有一字不识，而多诗意；一偈不参，而多禅意；一勺不濡，而多酒意；一石不晓，而多画意。淡宕故也。

◎ 译文

有的人一个字都不认得，却很有诗意；一句佛偈都不推寻，却饶富禅意；一滴酒也不沾唇，却满怀酒趣；一块石头也不观察，却满眼画意。这是因为他淡泊而无拘无束的缘故。

◎ 直播课堂

倘若我们沉醉在功利之中，便无法体会诗意，因为诗意在情，功利伤情；倘若我们执著于六尘，则无法体会禅意，因为禅意无执；若是我们太过理性，则无法体会酒意，因为酒意原在放浪形骸；假如我们不善用心眼观察，则无法体会画意，因为画意无所不在，既在外形，又在其神。而这些，都可以在一个无所束缚的心灵中发现。

眉上几分愁，且去观棋酌酒

◎ 我是主持人

愁眉深锁，何事可愁？不如去观棋。世事如棋，又何必为些许事眉头不展？在浅酌当中，可以发现许多事只是过分在意，何必自惹烦恼？在观棋酌酒之时，能使内心稍得舒畅，重整心情，面对新的挑战。

◎ 原文

眉上几分愁，且去观棋酌酒；心中多少乐，只来种竹浇花。

◎ 译文

眉间有几分愁意时，暂且去看人下棋，不然就浅酌几杯。心中的快乐，在种竹浇花中便能充分地获得。

◎ 直播课堂

人如果懂得生活的情趣，就可以从一些微小的事情中获得快乐。种竹浇花的情趣，并不亚于与知交共游的快乐。竹有其高情，花也有其神态，万物各有其生机与神情，只待我们细心体会。懂得快乐的人，天地之间无处不能快乐。

调性之法

◎ 我是主持人

佩韦佩弦之说，出于《韩非子·观行篇》，主要是指人在行为上的自我提醒。人的个性，有些是天生的，有些是后天习惯养成的。如果性子太急，就容易操之过急；性子太缓，又容易丧失良机，同样足以坏事。佩韦或佩弦，就在提醒自己，这正是古人自我修养诚笃的表现。

◎ 原文

调性之法，急则佩韦，缓则佩弦。谱情之法，水则从舟，陆则从车。

◎ 译文

调整个性的方法，性子急的人就在身上佩带熟韦，警惕自己不可过于急躁；性子缓的人就在身上佩戴弓弦，警惕自己要积极行事。调适性情的方法，要像在水上坐舟船，在陆地乘车一般自然，才能适才适性。

◎ 直播课堂

调适性情的方法，最重要的一个原则，就是不要逆着事物的本性行事。就如在水上行舟，陆上行车，是自然的事，若硬要在水上行车，陆上行舟，不溺死，也会寸步难行。天地万物，各自有最美好的天性，适才适性，才能过着和谐圆满的生活。

好香用以熏德

◎ 我是主持人

生活的艺术，就在于使任何事物都有最美好的用途。古人以香草比喻君子的德性，燃香或佩香草，正是提醒自己要修养德性。那么，一张上好的纸，在上面写下可以传世不朽的文字，岂非最为适切？

◎ 原文

好香用以熏德，好纸用以垂世，好笔用以生花，好墨用以焕彩，好茶用以涤烦，好酒用以消忧。

◎ 译文

好香用来熏陶自己，使德性美好，好纸用来写垂世不朽的文字，好笔用来写下美好的篇章，好墨用来描绘令人激赏的好画，好茶用来涤除烦闷，好酒则用来消除烦忧。

◎ 直播课堂

一支好笔，让我们用它来写下句句美好的篇章，绽放无数心灵的花朵。一块墨，通过我们心灵的展现，成了一幅引人耳目一新的山水花鸟图画，难道不是它最佳的用处？而一杯好茶，却能让我们涤除胸中烦闷，感到无比清爽。好酒则使我们忘去忧愁，而不是"借酒浇愁愁更愁"。

人生莫如闲，太闲反生恶业

◎ 我是主持人

　　清高很好，矫揉作态就不好了。清高是对己，不是对人；是在自己的心中，而不是在别人的眼中。因此，过于清高，就和俗情一样，令人不耐。

◎ 原文

　　人生莫如闲，太闲反生恶业；人生莫如清，太清反类俗情。

◎ 译文

　　人生没有比闲适更好的了，但是，太闲适反而会做出不善的事情。人生也没有比清高更好的了，但是，太清高反而落得矫俗声名。

◎ 直播课堂

　　什么叫做闲？有身闲，有心闲。身闲是身体不忙碌，心闲则是心中无事。人生能得闲适的时光，十分不容易。因为，大部分人都为生活而忙碌。偶尔的闲暇对我们身心有益，但是，人是很奇怪的，若声名没有什么中心主旨或确定的目标，太安逸的日子反而有害。抛开怠惰不说，大部分人首先想到的便是玩乐，真正能享受心灵之乐的人并不多，大部分追求的都是物欲之乐。

胸中有灵丹一粒

◎ 我是主持人

灵丹一粒，用以治心病。每个人均有一颗昭昭灵明之心，奈何涉世一深，便为种种俗事所蒙蔽，有如明珠蒙尘。这时，心即得病，不能真欢喜，但有假痛苦。

◎ 原文

胸中有灵丹一粒，方能点化俗情，摆脱世故。

◎ 译文

胸中有一颗昭昭灵明之心，才能变化心中的世俗之情，摆脱种种心机，超出世事。

◎ 直播课堂

所谓灵丹一粒，便是以真心面对自己及世界。这颗真心，便足以点化俗情，摆脱世故，而祛除百病了。更重要的是，这粒灵丹，人人皆有，只是大家浑然不觉罢了！

无端妖冶，终成泉下骷髅

◎ 我是主持人

若无可悦之心，美本不为美；若无可厌之心，丑亦不为丑。美是时空的幻象，也是自心的幻象。就时空而言，昨日的女婴，今日为美人，他日同样亦必为骷髅。就自心而言，对美的执著，不过是自己执著不放，因而产生痛苦。因此，美和丑乃是心识所生的幻象，美丑之见只是妄想罢了！

◎ 原文

无端妖冶，终成泉下骷髅；有分功名，自是梦中蝴蝶。

◎ 译文

艳丽妩媚的美人，终将成为九泉之下的白骨。功名纵然有分，无非是梦中之蝶，醒来尽成虚幻。

◎ 直播课堂

在古代，读书人最大的心愿，就是求取功名利禄。十载寒窗的报偿，便是一举成名。现代人何尝不然？先是求利，继而求名，名利双收，才是"成功"了。衣锦还乡的虚荣，蒙蔽了人们的心灵。其实，一切功利，皆是浮名。既是浮名，无不可抛。

才人之行多放

◎ 我是主持人

有才气的人言行往往疏阔，若能辅以正直，劝他踏实些，或言行约束些，天赋的才华，才能更见美好。否则，言行太过放肆，即使再有才能，也会招人忌恨。

◎ 原文

才人之行多放，当以正敛之；正人之行多板，当以趣通之。

◎ 译文

有才气的人行为多疏放而不受检束，应当以正直来收敛他。太过正直的人大多不知变通，应当以趣味使他的个性融通些。

◎ 直播课堂

有些人，言行又因心思太过拘束而显得死板，既无法应付人生的多变性，也无法从生命中获得趣味。这种人，我们要使他的心变得活泼些，让他多去接触种种变化的事物。否则，他的生命便会显得枯燥而乏味。

闻人善，闻人恶

◎ **我是主持人**

郑板桥曾说："以人为可爱，而我亦可爱矣；以人为可恶，而我亦可恶矣。东坡一生觉得世上没有不好的人，最是他的好处。"以何种心境面对世界，你就活在何种世界。

◎ **原文**

闻人善，则疑之；闻人恶，则信之。此满腔杀机也。

◎ **译文**

听到别人做了善事，就怀疑他的动机；听到他人做了坏事，却十分相信，这是心中充满恨意和不平的人才会如此。

◎ **直播课堂**

一个人心中若是充满善念，即使听到某人做了不好的事，一定会想或许传闻错误，或许其人有不得已的苦衷。即使他真的做出愚昧错误的事来，也十分可悲，应使他快快觉悟自己所犯的错误。

反之，一个人如果对人充满了嫉妒、憎恨之情，骄慢自大，那么，他听到别人做了好事，只会怀疑和嫉妒；听到他人做了坏事，倒是十分相信。这种人的心中只有恨意，而无生机。

能脱俗便是奇，不合污便是清

◎ 我是主持人

所谓俗，是就心灵的层次而言，知道一个人为什么而活，就可以知道他的心灵俗不俗。有的人一辈子只为肚子而活，有的人一辈子只为脸皮而活，有的人一辈子却为自己的心而活；另一些人，却是为了使所有的人得到真正的幸福而活。到底哪种人活得比较可贵不凡，相信你我都明了。

◎ 原文

能脱俗便是奇，不合污便是清。处巧若拙，处明若晦，处动若静。

◎ 译文

能够超脱世俗，便是不平凡；能够不与人同流合污，便是清高。对于越是巧妙的事情，越要以拙笨的方法处理；虽然位居高明之处，却能韬晦；虽然处于动荡的环境，却要像处在平静的环境中一般，不可慌乱。

◎ 直播课堂

所谓清，就是不做任何有损名誉的事。说起来很容易，真正能彻底实行的却不多。对于一些巧妙的事，我们要以愚拙的方法去做它，因为，巧妙的根本在于踏实，就好像飞得再高的鹰，要以地面为家一样；最巧妙的事情，往往是从最长久而笨拙的努力中产生的。此外，巧妙的事以拙笨为外表，也是一种保护作用和返璞归真的现象。

身居高位的人，正是最容易招忌的人，因此，一个人要懂得自我保留。越是得意之时，越是要有谦逊和自我充实的智慧，正是一种处变不惊的精神。这种身处变局而心不乱的镇静功夫，才能使我们化险为夷。所谓"以静制动"，正是这个道理。

士君子尽心利济

◎ 我是主持人

　　安身立命之道，古圣先贤讲得非常多，讲到最后，无非是"利物济人"而已。现代人喜欢强调"毁灭"的恐惧，并为这可能来临的毁灭而怀疑生命的价值，因此，享乐主义大为盛行。其实，活着最重要的是对自己的生命负责。生命的价值并非想象，而是实践。

◎ 原文

　　士君子尽心利济，使海内少他不得，则天亦自然少他不得，即此便是立命。

◎ 译文

　　一个有道德的人，只要尽自己的心意去利物济人，使一国之内少不得他，那么，上天自然也需要他，这便是为自己的生命确立了意义和价值。

◎ 直播课堂

　　花儿向这个世界吐露芬芳，对花儿本身而言，那就够了。一切事物随时在变化，倘若为了害怕凋零，花儿便因此而拒绝开放，这才是最愚蠢的。就像知道人会死亡，物会毁灭，所以就悲观堕落，同样是错误的。

读史要耐讹字

◎ **我是主持人**

天下没有十全十美的事。当我们接受事物美好的部分时，也要接受瑕疵的另一部分。就以史书而论，若不能忍受断简残篇和鲁鱼亥豕的现象，就很难从其中得到乐趣。

◎ **原文**

读史要耐讹字，正如登山耐仄路，踏雪耐危桥，闲居耐俗汉，看花耐恶酒，此方得力。

◎ **译文**

读史书要忍受得了错误的字，就像登山要能忍耐山间的隘路；踏雪要忍耐得了危桥；闲暇生活中要忍受得了俗人；看花的时候要能忍受得了劣酒，如此才能真正进入史书的天地中。

◎ **直播课堂**

史书是可以考据而订正的，但是，生活中有许多事，却不是经过某些人的努力，就能获得改善的。至如登山耐仄路，踏雪耐危桥，其趣即在"耐"字，否则就很无趣了。闲居耐俗汉，看花耐恶酒，有什么不快乐的呢？若要天下皆无俗人，或必定要有美酒，一个人一生就没有多少快乐时光可言了。

声色娱情，何若净几明窗

◎ **我是主持人**

声色的刺激，往往短暂而易于消逝，而且，要付出很多代价。当我们坐在窗前，什么都不想的时候，常能感到一种宁静的快乐。这时天地即在我心，平静而安详，充满着喜悦。何不让自己坐在净几明窗前静一静呢？

◎ **原文**

声色娱情，何若净几明窗，一生息顷。利荣驰念，和若名山胜景，一登临时。

◎ **译文**

纵情于声色，还不如在洁净的书桌和明亮的窗前，让自己得到宁静的快乐。为荣华富贵而意念纷驰，哪里比得上登临名山，欣赏胜景来得真实呢？

◎ **直播课堂**

大部分人并不明了自己内心真正要的是什么，只是跟着他人盲目追求。世俗的规范和错误的看法，常常使许多人埋葬自己真正的幸福。当我们登临高山，接触大自然的美景时，仿佛听到来自内心的声音："回返自然！"如果，你曾仔细聆听，便会对眼前的追求感到怀疑。你会发现，生命中有许多追求并非真的必要，也不是自己真正要的东西。通过这层反省，也许会让自己活得更真实些。

闲得一刻，即为一刻之乐

◎ **我是主持人**

人的苦恼有两种：一种是身上的苦恼，一种是心中的苦恼。但是，对一个懂得快乐真谛的人，这两种苦恼都不会降临到他身上。

◎ **原文**

若能行乐，即今便好快活。身上无病，心上无事，春鸟是笙歌，春花是粉黛。闲得一刻，即为一刻之乐，何必情欲，乃为乐耶。

◎ **译文**

若能随时行乐，立刻可以获得快乐。身体既不生病，心中也无事牵挂，春天的鸟啼就是美妙的乐曲，春天的花朵便是天地最美的妆饰；能得到一刻空闲，便能享受一刻的闲适乐趣，哪里一定要在情欲中追求刺激，才算是快乐呢？

◎ **直播课堂**

我们曾经看过身体有大病痛，却十分快活的人；也曾看过身体无病无痛，心灵却有沉疴的人。其实，快乐就在我们的心中，不在别处。若要外求，终不长久。

兴来醉倒落花前

◎ 我是主持人

以天地为衾枕，这是何等无所质疑的胸怀？万事都像落花一般，无可执取，明白这一点，自然可以放下心机。心中无所执取，又何处不自在呢？

◎ 原文

兴来醉倒落花前，天地即为衾枕；机息忘怀磐石上，古今尽属蜉蝣。

◎ 译文

兴致来的时候，在落花之前醉倒，天地就是我的棉被和枕头。放下心机，坐在大石上将一切忘怀，古今的一切纷扰，看来都像蜉蝣的生命一般短暂。

◎ 直播课堂

蜉蝣朝生暮死，人生又何尝不是如此？古今种种纷争，怎能抵得住时间的洪流？我辈的心机计较，真是可怜复可笑。何不坐在磐石上，仰望天光云影，抛却心中俗念，以自己清净而最初的心，看这无尽的天地。

如今休去便休去

◎ 我是主持人

什么事不能终止呢？最难终止的，只怕是自己的心吧！一个为追求名利而苦恼的人，是因为他的心不肯停止追求，才会苦恼；一个为失去爱而痛苦的人，只是因为他不肯放弃失去的爱，痛苦就成了必然的结果。

◎ 原文

如今休去便休去，若觅了时无了时。

◎ 译文

只要现在能够停歇，一切便能够终止。如果想要等到事情都了尽才停下来，那么，永远没有了尽的时候。

◎ 直播课堂

不要以为事情自己会结束。如果你的心不肯停止，事情永远不会结束，无尽的烦恼是由无尽的欲求产生出来的。大部分的人无法发现自己心中有无尽的宝藏，那是圆满而无所欠缺的。却要像乞丐一样，不断地向世界求索空幻的影子作为虚假的满足。到底什么是真正的满足呢？且把妄求的心，歇下来看看吧！

意亦甚适，梦亦同趣

◎ **我是主持人**

这段文字，见于柳宗元《始得西山宴游记》，柳宗元写这篇文章时，正是官场失意，被贬至永州，寄情山水之时。

◎ **原文**

上高山，入深林，穷回溪；幽泉怪石，无远不到。到则披草而坐，倾壶而醉；醉则更相枕以卧，意有所极，梦亦同趣。

◎ **译文**

登上高山，进入幽深的树林，走尽回旋曲折的小溪，凡是有幽美的泉水和奇形怪状的岩石之处，不论多远，我们都要去。到了目的地，就坐在草地上，倒出壶中的酒，尽情地喝，醉了以后，就互相以身体为枕头睡觉。我们的心情是多么愉快呀！连做梦都有相同的情趣呢！

◎ **直播课堂**

宦海浮沉充满了心机，而大自然的山水却是无心的。由这段文字，我们可充分感受到那份忘怀于山水的乐趣。

犬吠鸡鸣，恍似云中世界

◎ **我是主持人**

一个人见到的世界是何情境，完全存乎一心。智者能在一粒沙中见到世界，一朵花中见到天堂。

◎ **原文**

茅帘外，忽闻犬吠鸡鸣，恍似云中世界。竹窗下，惟有蝉吟鹊噪，方知静里乾坤。

◎ **译文**

茅屋外面，传来几声犬吠鸡鸣，让人感觉好像到了远离尘世的高处。窗外只有蝉鸣鹊唱，令人感觉到静中的天地如此之大。

◎ **直播课堂**

在犬吠鸡鸣声中，感到仿佛置身于云中世界，因为心如此，所以境如此。在宁静之中，我们体会到了世界的辽阔，因为宁静使我们的心胸开放。在事情繁杂之时，我们总是执著于眼前俗务，眼光短浅，心思拘束。在宁静中，这一切都解放了，无尽的世界像花蕾绽放一般，展现在我们面前。

异士未必在山泽

◎ 我是主持人

人世的智者,在尘嚣闹市中,也能拥有宁静的心境。他为自己的生命做反省,同时也为众人的生命作反省;他的智慧不但解决自己的问题,也解决众人的问题。他不但使自己的生命获得觉悟和解脱,也要所有的人都能觉悟和解脱。

◎ 原文

山泽未必有异士,异士未必在山泽。

◎ 译文

山林泽畔不一定有超凡奇特的人,超凡奇特的人也不一定住在山林泽畔。

◎ 直播课堂

山林泽畔可以使人的心境变得宁静,对生命的观照就更为清楚而澄澈。因此,一个对生命的反省有所关心的人,在宁静的山林泽畔更容易体会出智慧。许多智者隐居在山林之中,就是这个缘故。隐居山林的人,不见得个个皆是行为特异之辈,这其中也不乏自命清高之人,或是"身在湖海,心怀魏阙"的假隐士。像这些人,怎能以"异士"称之呢?

天下可爱的人，都是可怜人

◎ 我是主持人

有的人很可爱，他们明白人天性中哪些是最好的品质，并且竭力维护它们。即使自己受到种种伤害，也不愿意失去最美好的德行。他们就好像怀着白璧，却被恶人拿着戈矛追逐的人，因此，他们的境况有时很窘迫，甚至很可怜。

◎ 原文

天下可爱的人，都是可怜人；天下可恶的人，都是可惜人。

◎ 译文

天下值得去爱的人，往往都十分可怜。而那些人人厌恶的人，又常常让人觉得十分可惜。

◎ 直播课堂

那些拿着戈矛的恶人，并非没有白璧，而是在生命的某一个阶段遗失了。从此以后，他们就以为不需要它也能活得很好——只要有戈矛，或是珠宝。他们却没有发现，还未将戈矛刺到他人时，戈矛的另一端已刺入自己的心。他们手中的珠宝，其实是铁蒺藜，早已将双手刺得流血，不能再握住一朵花，也嗅不到花朵的芬芳，这不是很可惜吗？

事有急之不白者

◎ 我是主持人

有些人做错事，怎么劝，他都不听；强迫他听从，他反而变本加厉。其实，人都有自我反省的能力，聪明的人是懂得修正自己的。何况有些人只是羞于承认自己的错误，并非真的顽劣之徒。只要给对方一点机会，一些时间，情况或许就改观了。

◎ 原文

事有急之不白者，宽之或自明，毋躁急以速其忿。人有操之不从者，纵之或自化，毋操切以益其顽。

◎ 译文

当事情非常紧急却又不能表白时，不妨先宽缓下来，听其自然，也许事情就会澄清；不要太急于辩解，否则，会使对方更加气愤。有的人，你越劝他，他越是不听，这时，稍为放纵他，不要逼得太紧，也许他自己逐渐会改正过来；不要太急切强迫他遵从，以免使他更为顽劣。

◎ 直播课堂

人与人交往，难免有误会，尤其是在事情紧急时，更是无法一一加以说明，也许就因此蒙受不白之冤。有时误会并非解释就可以说明白，所幸人心虽然主观，事情却是客观的，过些日子，总会真相大白，所谓"事实胜于雄辩"。这里最重要的，是不要有操之过急的态度，要平心静气面对事情。更何况"清者自清，浊者自浊"。胸怀磊落，还怕别人误解吗？

人只把不如我者较量

◎ 我是主持人

人的不知足，往往由比较而来，同样，人要知足，也可以由比较得到。这里教我们的，是一种"比上不足，比下有余"的想法。当然，重点要放在"比下有余"上面。但是，这也不是一个根治不知足心理的方法。

◎ 原文

人只把不如我者较量，则自知足。

◎ 译文

只要和境况不如自己的人比较一下，人就自然会知足了。

◎ 直播课堂

大多数人都拿自己与那些十分富足的人相比较，所以，知足常乐的人还是很少。如果，人能够体会自己本来就是无所欠缺的，这就是最大的富有了。真正的满足是内心的满足，而非物质的满足，物质是永远无法让人满足的。

俭为贤德

◎ 我是主持人

任何事情，过犹不及。太过奢侈固然不对，节俭而至吝啬也未必好。节俭若只为了名声，就完全失去节俭的本意了。俭是不浪费，"一丝一缕，恒念物力维艰；一粥一饭，当思来之不易"。以这种态度处理物质，自然不会有丝毫的浪费。

◎ 原文

俭为贤德，不可着意求贤；贫是美称，只在难居其美。

◎ 译文

节俭是贤良的美德，但是，不可因为人们称赞节俭，就刻意追求这种声名。安贫往往为人所赞美，只是很少有人能安居贫穷。

◎ 直播课堂

俭也是一种经济的观念，也就是"将最少的物资，作最大的利用"。节俭和悭吝则又不同，有的人自奉节俭，遇到他人有困难，却能慷慨解囊，这便是节俭而不悭吝。

贫为美称，大概亦只存在于古代吧！古人对安贫乐道是很称赞的，颜渊"一箪食，一瓢饮，居陋巷而不改其乐"，十分不容易，被人称赞了几千年。至于现代，"安贫乐道"在大多数人眼中看来，简直就是消极弃世。不错，乐道未必就贫，贫也未必有道。只是在物质生活的进步中，人的心灵是否也同样在进步，这就值得怀疑了。现代人物质生活不虞匮乏，心却贫乏得可怜呢！

唤醒梦中之梦，窥见身外之身

◎ 我是主持人

苏东坡在夜宿燕子楼时，曾写下"古今如梦，何曾梦觉"的句子。就广大的时空来看，文明也不过是人类所做的一场梦。以最微细的观点来看这个世界和我们的心智肉身，没有一刹那是存在的。当我们聆听静夜的钟声时，仿佛觉察到，生命中无论有多大的伤痛，或是多深刻的感情，都不过是梦中之梦，何必苦苦执著不放呢？

◎ 原文

听静夜之钟声，唤醒梦中之梦；观澄潭之月影，窥见身外之身。

◎ 译文

聆听寂静的夜里传来的钟声，唤醒了生命中的种种迷惘。静观清澈潭水中的月影，仿佛窥见了超越肉身的真实自己。

◎ 直播课堂

梦中梦，或多重梦境，许多人都曾经历过这种类似的状态，常常在做梦时，经过梦中的某件事物，"醒来"之后才发觉刚才的自己是在做梦，却不知道自己现在的状态还是处于梦中，经过某件事物再次醒来，梦的真实度也会有所增加，以至于让人分辨不出自己的状态是处于现实还是处于梦中。

下篇 《小窗幽记》深度报道

第一章
唤醒自己，领略人生真谛

人生漫长，岔路口太多，难免会误入歧途，遭受苦难。如果不幸陷入这样的困境，那么自救的办法就是要唤醒自己。不要放任自己在痛苦的深渊里继续下坠，而要认清当前的形势，认清自己真正的追求，相信命运是掌握在自己手中的，对未来充满希望，才有可能"柳暗花明又一村"，回到人生道路的正轨，使自己的生命攀上高峰。

醉酒与解醒

晋朝时有一位名叫狄希的人，家住中山，能酿造上等的好酒，叫作"千日酒"。因要用一千日的工夫来造酒，即使是清醒的人饮了他的"千日酒"，也要醉上千日。不过到了千日之后，他还有个醒来的时候。然而还有一种酒不仅能使人一醉千日，更能使人一醉终生不醒，那就是名利声色之酒。

酒徒嗜好的是粮米为曲所酿造出来的酒，而世人昏昏沉沉所追逐的却是以名利作酵曲，以声色为水，酿造出来的欲望之酒。这种酒刚一下肚，便能醉人心魂，飘飘然使人不知身在何处。再饮之后，仿佛鸦片上瘾。酒瘾一犯，越求而越渴，越渴而越求，甚至把性命都搭上了，还是不愿意醒来。

那些追求名声的人，整天沉醉在官爵权势里不能自拔，升了一官还想着另一官，永远也没有一个满足的时候；驱逐利益金钱的人，逐日里在那市场物海中奔波劳碌而难以休歇，赚了一笔还谋算着另一笔，毕竟没有一个到头的日子；挥金如土而一掷千万的人，饱暖思淫逸，所以时刻迷昏在歌舞声乐和美艳女色、豪宅名车上，享受了一种还计划着另一种，终生也没有一个安宁的工夫。

人心和人身都是肉长的，毕竟不是机械，其承受的能力和时间也毕竟是有限的。当名利、声色、车房等身外之物装满了心胸的时候，心灵的空间没有了，作为灵长类的生机没有了，只剩下了一具满是垃圾的臭躯壳而已。这样的人也不知道能够领略多少人生的乐趣，得到几何生命的升华和精神上的超越！与那些动物中的畜生又有什么样的区别！

人与动物的最大区别，在于人类有精神上的追求和意识上的超越，追求和超越的目的则是为了对自身欲望的否定，从而摆脱动物界的限制。但人类仍然否定不了自己作为动物的一分子，所以我们并不完全否定人的欲望，而是要有个限度、有个标准，否则我们就无法把自己跟禽兽区别开来。而那些沉醉不醒的人，他们的心在何处呢？早已失落在名利声色之中了；身在何处呢？早已追逐着虚幻的泡影而不知回转。

"千日酒"只能醉人千日，而这千日之中他的灵魂已经不知所之，自己不能自主；欲望之酒却可以醉人一生，而这一生之中他的灵魂也早已不知去向，自己不能自主。如此一来，人的意义和价值又在于何处呢？人的意义和价值找不到，那这一世来到人间岂不是徒劳！

《西游记》中，唐僧说过：人身难得，中土难生，佛法难闻。这是宇宙生命最难得的三大事。能够具有人身，生在中原，听闻佛法，那该是多么的幸福啊！知道了幸福，就应该加倍地珍惜才对。幸福是什么呢？绝不是金钱名利、声色车房、权势富贵，而是一种微妙的心理感受。没有那些身外之物时，也许还会很幸福；一旦拥有了一切追求的东西时，反而没有任何幸福可言了。人的感受在清醒的时候才是最灵敏的，所以只有清醒的人才能领略和享受到最大的幸福，而获得人生幸福的根本条件就是保持自己身心的清醒状态。

然而，当屈原高声吟唱出"举世皆浊我独清，举世皆醉我独醒"的时候，他的心情是最最痛苦的。他替天下那些沉醉不醒的人感到遗憾和痛心，他想让大家都清醒过来，以便领略人生最大的幸福和美感。可惜世上多的是至死而不醒的人！

喝酒醉了的人，只要给他灌下"醒酒汤"就能使他清醒。那么，有没有一种能让天下那些浑浑噩噩的醉汉清醒过来的"醒酒汤"呢？如果有的话，那么多历代圣人贤哲自然会发现并且给予传播，以便更多的醉汉能够猛醒。遗憾的是，历代大师层出不穷，费尽心机来度化众生，然而清醒而觉悟的有几人呢！人不觉悟，清凉散有何用！

要想唤醒那些沉醉不醒的人，真正的清凉散便是真理，因为真理是最残酷的，不依任何的意志为转移。但沉醉之人谁又乐意听他人讲说真理呢？除非他醒过来以后。因此，清醒是第一要务，只有沉醉之人醒了，

才会听他人讲真理，才会感觉到生命的可贵，天地宇宙对他来说也才会是真实的。

我们有让天下人都清醒的大愿，所以就要讲真理，要当头棒喝。我们的目的是想让天下的人都觉悟而得大自在，都知晓宇宙和人生的真谛。

淡泊与镇定

世界上的事情都是相对的，没有高山显不出平地，没有艰险看不出本领，正如《老子》中说的："有无相生，难易相成，长短相形，高下相倾。"

一个人的心境要达到淡泊无为，也不是容易的，也要经过无数次的考验和磨炼。真正的恬淡自守，潇洒无为，绝不是没有经历过世事的一片空白，而是能够经历任何乐声美色、奢华富贵的境遇，却都能够不执迷于心。不少人再穷再苦都能忍受得了，就是过不了美人关，过不了富贵关。多少豪杰英雄面对着艰难险阻和强大敌人，都会无动于衷，而一旦受到糖衣炮弹和声色犬马的攻击和诱惑，便会毁了自己的操守和精神，从而一败涂地。

我们常说世事纷纭，变幻无常，人如果整天陷在这无常的世事中，当然就会没有了自己，失去了人生的价值和本性。人的意义就在于争取到最大的自主权，谁也不愿意浑浑噩噩地混上一辈子，那么就要在这纷纭的世事中拥有自己的主意和思想。一个人能够在大事中不糊涂，乱事中不慌张，也就是所谓的镇定自若。一旦镇定下来，对许多事情的看法和处理也就不至于有所遗憾了。

常见人说，真后悔当初没有怎么怎么，这其实就因为在当时的情况下没有镇定下来，以致留下了遗憾。所以，一个人的镇定自若确实是一个重要的操行，对于正常健康地生存关系很大。定就是不动摇，人世间的五彩缤纷，莺声燕语，足以诱惑人心意志向的事物实在太多，而身处尘世却能不动不摇的又有几个呢？大多数的人都会在名利中动摇，在身心的利害中变色。

泰山不动不摇屹立亿万年，所以被称为"泰"，便有了泰然自若、处之泰然、身体安泰等成语。不少人都讲自己如何镇定，如何泰然对待名利地位和艰难处境，但是一到现实中，利害相关处，却难以泰然了。所以，一个人的泰然，也不是生来就如此的，也一定要经过多次繁华纷纭的考验，而能够无所挂心，方才是真正的泰然。那些动摇的人是受环境的牵连，环境要他向东，他便不能向西，就成了外物的奴隶。镇定不动摇就是不为外在环境所转动，能够在纷纭中保持坚定不移的自我，也就是《孟子》中说的"富贵不能淫，威武不能屈"，才能干出一番事业来。能镇定的人，才能掌握自己的方向。

苏轼在《留侯论》中说道："古之所谓豪杰之士者，必有过人之节。人情有所不能忍者，匹夫见辱，拔剑而起，挺身而斗。此不足为勇也。天下有大勇者，卒然临之而不惊，无故加之而不怒，此其所挟持者甚大而其志甚远也。"真正的镇定自若，是要有过人的节操，不跟一般的人一般见识，莫名其妙地招来耻辱心里却不愤怒，突如其来的险境加身却不惊慌。之所以能够如此，一个根本的原因是他有着更大的理想和志向，远大的目标使他忘记了眼前的荣辱利害，所以没有任何东西可以使他放弃自己的目标的。

人要想达到一个淡泊清净的境界，就不要怕那五颜六色的世界。和尚出家，但并不见得能够心出家；居士在家，却未必就不能够心出家。真正的清净不在于身，而在于心；心能清净，无牵无挂，则何处不是恬淡！真正的镇定也不在于身，而在于心；心能镇定，不动不摇，则何时不能安宁！

市恩与要誉

　　市恩就是故意卖给他人恩惠来取悦对方，说白了就是在做买卖，因此，"市恩"的情况大部分是怀有目的的，或者是要安抚对方，或者是指望对方给予回应报答的。当然，这和生意买卖并没有实质上的不同，恩中既然没有情义，完全是赤裸裸的交易，按理说也不必要去感恩戴德的。但是，人却是有感情的，人待我一尺，我报人一丈，多少年来都是人们行为处世的准则。所以无论是市恩，或者是出于诚意而施加的恩惠，总应该以回应报答为上，正是所谓的"人以国士待我，我以国士报之"的意思。

　　以吴起之权位，曾经亲自为他的部下兵卒吸吮腿脚上的血脓，使士兵们感激不已。而那位士兵的母亲却哭着对自己的儿子说："傻孩子啊！他是在叫你给他卖命啊！"但不管怎么样士兵们还是会为他去卖命。现在不少人上台掌权以前，总是许下了许多的大愿，要为人民办好事，故意地施给百姓一些小恩小惠，自然也因而得到了不少的选票。可等到一旦大权在握，他们却不知道去报答当时百姓推选他当官的恩德，而是一味地盘剥，变本加厉地坑害百姓。

　　于是，要想做一个厚道人，大青天，最好是不要故意施加一些小恩小惠，而是实实在在为人民做一些好事来报答他们的大恩。所以说，市恩的不如报德的厚道。当然，最好的报德，实际上是以美好的德行去报答，叫做以德报德，而不在于施加些什么小小的实惠。

　　人们都清楚知名度的重要性，有了名也就等于有了钱，因为名利总相关。虽然说盛名累人，可人人却都想获得好名声，并且以此为荣，原因就是名能够带来好处。现在的社会鼓励人们去争取名声，过去的说法是"酒香不怕巷子深"，原因是酒的好本质自然会吸引来顾客。如今变了说法，叫做"酒香也怕巷子深",是因为你的酒再好,没有人给你宣传,还是不会有顾客光临的。更深层的原因是虚假的广告太多了,假的盖住了真的,三个人都说有虎,这虎就成了真的了。虚假的广告就是在花钱买名,买下了名,利便随之而来,谁不愿意一试呢?

但是,名利却不是永恒不变的东西,名扬时是利益倍增,名裂时是鸡飞蛋打。记得前些时不少的新暴发户名气不小,结果却被各路人马所蚕食,反而为了保名欠下了一屁股的债。如果说到个人,那名声只不过是一种空洞的声音而已,虽然能够满足某些虚荣感,带来暂时的利益,却在无形中会成为一种束缚人的东西。许多知名的人士,言行举止也是战战兢兢,唯恐有损自己的光辉形象。

戴高乐自己就曾经说过:世界上有两个戴高乐,一个是人民的,一个是自己的。这两个戴高乐经常处在一种矛盾之中,便会形成一种人格的分裂。所以从人生所追求的绝对自由来说,追求名誉反而不如逃避名声来得逍遥自在些。因为逃避名声既免除了心理上的负担,又能在社会上按照自己的意愿去扎扎实实地做一些事情,当然是最大的快乐了。

只有正直,才能达到真诚,是什么就是什么,不需要矫揉造作,所以不累。市恩或者是邀名,都是在违背自己的本性而做出的行为,以便达到某一不可告人的目的。假的只是假的,是需要掩饰的。就像女人的装饰一样,天生丽质,不加雕饰,自然是一种无限的风韵。可那些自知自己不美丽的人,比如那个效颦的东施,她要去模仿别人的美丽,因为不是自己的先天所有,所以只能变得很丑,惹人厌恶。

其实,任何一个人都有自己的美丽动人的地方,就看你自己如何去发现和利用。即使是那些并不美丽或者还有些瑕疵的人,只要心地善良,实诚待人,还是很有魅力的。做人只是要一个真实,保有自己一己的完善人格就够了,何必要去做上一些假象!不但把自己弄得很不自在,时间长了,别人也就不会再给予信任了。常见有些人为了某些利益而重新包装自己,简直与自己判若两人。如果会永远如此,那也不错,可惜终有露出马脚的那一天,必然会身败名裂。早知如此,那又何必当初呢!

我们所谓的"真",就是出于自己的本性"诚",儒家《大学》所讲

的就是一个"诚"字。做人要出于诚意，才能与人进行自然的沟通，从而得到正常真实的生活和幸福。凡是不出于诚意的表现，就是所谓的"矫揉造作"，就不是"直节"，纵然能给自己带来暂时的利益，最终却反而会造成更大的恶果。

毁誉与欢厌

　　人做的事情就是伪，伪字拆开来就是人为两个字。从广泛的角度说，只要是人干的事情就是人为，是伪。因此，再从广义的方面来看，伪也就是人类的文明所在。人与动物的区别，在于人类具有意志的行为，即可以有意识地违背动物本身的某些限制，从而实现自己的目的。比如说食与色是所有动物的本能，人也毫不例外。但是人类可以在这食色二字上加上许多的名堂。当然，随着人类文明的发展，名堂也就越来越多，虚伪自然也越来越多，以致涉及人生的各个方面。所以说，一般人们的相处多是虚伪加客套的。

　　谁都知道，要让他人当面赞美自己并不困难，如果你自己掌握着一定的权力或者金钱，就能办到。就如《战国策》中那个讽劝齐王纳谏的邹忌所说的：他的妻子赞美他美貌，小妾赞美他美貌，宾客赞美他美貌，而且说他的美貌超过了城北那位出名的徐公。等到真的看见城北那位徐公时，他才发现自己比徐公差得太远了，于是从中悟出了一个道理：妻子说他美貌是因为爱他，小妾说他美貌是因为畏惧他，宾客说他美貌是因为有求于他。因此，只要具备能够使人喜爱、畏惧和乞求的条件，那么肯定会得到别人在自己面前的赞誉。但是，因为所有的人都爱听当面的奉承和好话，这样才耳顺；一旦耳顺的时候，却最容易上当受骗，做出一些占小便宜吃大亏的事情。

要别人当面赞誉并不难，而要他人在背后不批评自己却不是一件容易的事。第一，因为人们都要耳顺，所以自然不愿意听那逆耳的话，当面接受批评的确会很难堪。第二，平常人们相交，点个头问个好也就了事了，即使某人有不对的地方，由于碍着个情面，或是某种利害关系，自然很少有人愿意去触犯别人的脸面，当面去指责对方的过错。实在要说，当然捧死人是不偿命的，所以便去说上一些溢美的言语。

不过，人们的眼睛总是雪亮的，问题肯定是跑不过去的。但在背后却就不同了，人们总要表达自己的真实思想，正是人们常说的"谁人背后不说人？谁人背后无人说！"要他人不骂、不说自己，除非是自己不犯错误，没有可以被人评头论足的地方。

因此，别人当面的赞誉并不表示着自己人生的成功，背后的赞誉才算是真正的成功。背后的赞誉还远远不算是完满美好的，因为还不能够完全表示一个人的真正的境界和成功。只有背地里没有他人的诋毁了，才说明这个人的境界已经到了圣贤的地步，这当然是最为难得的。

人们初次相识，往往会彼此展示出自己最美好的品格和才华来，所以很多人都有一见钟情的经历。有时会充满着一份好奇和新鲜的感受，因为彼此的相契融合而欢天喜地，正是那种相见恨晚的味道。然而，很少有人思考过这个问题，因为一个人的品格和本质绝不是一眼就可以彻底看出来的，也绝不是一两次的接触就能够完全了解彼此的心理的。所以，这时的交情往来对于个人来说，只不过是站在两座冰山尖端上的互相瞭望而已。

因为人们在初次见面的时候是绝不会把自己的缺点暴露出来的，而相互见到的往往只是对方好的一面，所以，这第一印象比起平日来就显得完美多了。而人们所追求的往往是完美，所以在心里会为这第一印象再次加工升华，更是美上加美。但是，疾风知劲草，日久见人心。一旦那种新鲜感消失了，最初的亲切感和头脑中的完美感，也会因为所发现对方缺点的增加和距离的接近而发生改变。

事实上，最初的亲近和讨人喜欢经常只是一种带有某种企图的幻象，所以那些骗子都有一种给人留下一个好印象的本事。当那些纯情的少女和憨厚的汉子一旦着了迷，骗子的目的也就达到了。但是一旦交往的时间久了，骗子的耐心和装扮也就去掉了，赤裸裸的狼子野心也就公然显露出来，人们就会识破他的心机而有所觉悟。受害者虽然往往悔之晚矣，但那种初次留下来的幻象也必然会遭到破灭。

即使我们相交的不是一个骗子，那么交往长久后的亲切才是一种真正的亲切。因为那个时候交往双方的整个缺点都已经被相互了解和接受，而且能够以一副完整的人格来相互交往，此时所得到的友情和欢喜才是真正的欢喜。所以说，与其让别人跟我们一接触就能感到非常地欢喜，还不如让他跟我们相处长时间而没有厌烦的感受。这一方面，是要我们不要为那种初次见面时的喜悦所迷惑；另一方面，我们也不要在初次见面时刻意掩藏自己的本质，而只是以一个好的假面目去与人交往。这样，我们才不会让双方都有日后的厌恶感。因为人们的交往绝不仅仅是一锤子买卖，所以，还是以一副真面目示人为好！

疑忌与观察

世间的人有各式各样的，就像万物一样各有特色，但正邪自古同冰炭，所有的人格范畴都有其相对的两个方面。比如有善就有恶，有勤就有懒，有浓就有淡，有检点就有放肆，相反相成，势不两立，却是一个矛盾的统一体。因为各自的出发点不同，所追求的境界相异，所以各自的态度也就不同了，从而很难理解各自的反面。过惯了豪华奢侈生活的人，肯定不会相信有人能够过那种淡泊的生活，只能认为甘于生活淡泊的人是在沽名钓誉，并非出于自己的本心。这是因为他只能从自己的立场上出发去理解生活，吃惯了肉的人一顿不吃都会觉得难受。

从一定角度来说，人们往往是不能够了解对方的。那些行为放肆、不加检点的人，会经常猜忌憎恨那些言语行为都谨慎的人。因为这些谨慎的人使他们感到很不自在，使得他们的放肆行为有了一个对照，使他们原形毕露。他们恨不得天下人都像他们那样放荡不羁，肆意作践人生，从而堕落下去。

事实上，检点整饰的人只不过是在自我约束而已，他们有自己的意志和人格标准，所以会表里如一而很自在。而那些放肆的人则不能够忍受自己的放荡，所以才要猜忌仇恨那些谨慎的人。屈原说过："举世皆浊我独清，举世皆醉我独醒。"正是因为超然不群，所以才会招人嫉妒进而陷害的。其实，君子的目的并不是要炫耀显眼，自己一往行之就是了。没有矫揉造作尚要遭人白眼，如果还有沽名钓誉的心理，就更会招来灾祸。所以，君子要想实现自己的人格和价值，最好的办法就是顺其自然，出污泥而不染就行了。

因为世路坎坷，所以一个人往往会走到穷途末路上。穷途末路、坎坷逆境并不可怕，关键是要摆脱它。如何摆脱呢？就是要经常回想到自己最初之心和目的，以及在整个过程中自己心意的转变。有许多的人原本已经获得了成功，后来却又遭到了失败，就是在所谓的成功之后自己的心意有了转变，或者是在初心萌动的时候便已经埋下了失败的种子。一件事业的历久不衰与一个人的飞黄腾达，无非是看能不能行其所当行而不行其所不当行，再看自己是不是长久不懈地努力了。

若是最初的心意和目标便不正确，或者是成功之后改变了原有的初衷和精勤，那么，即使是一时成功了，也没有办法来维持长久，终将会走到穷途末路的地步。这就是说，任何一个人若要得到成功，最好要有一个大目标。目标大一些，就不会为前途上的坎坎坷坷所压倒，反而都会成为自己前进的动力。所以一旦遇到了坎坷，先不要气馁，要反省一下自己的大目标，暂时的艰难险阻也就没有什么可怕的了。

至于那些现在很有权势、炙手可热的人，却要常常想着自己的末路，最后怎么样去收场。因为世上没有一个永远成功的人，任何事物都是阴阳平衡的，发展到了极点就会走向它的反面。成功的时候往往就会埋下灭亡的种子，比如李唐王朝在唐玄宗李隆基的手上，开元天宝年间是何等的辉煌，可正是这个时候却埋伏下了走向衰落的根基。所以，要想保持成功的境界，就要时刻想着穷途末路时的情况。这样才能够提醒自己不犯错误，防患于未然。得意的时候不可以忘形，站在峰顶上万不能忘掉来时的路，才不至于被困在山顶，或者跌得粉身碎骨。

好丑与贤愚

  美和丑本身并没有什么分别，也没有一定的标准，关键要看各人自己的喜好而定。人人都喜欢美，自然就会厌恶丑，美与丑也是相反相成的一对矛盾体。没有了美也就没有了丑，有了丑才能显出美，同样有了美才会显出丑。美与丑的同时出现，才使我们这世界和社会显得丰富多彩了。就如同自然界有白天和黑夜一样，如果纯粹是白天或者完全是黑夜，那将是多么单调和乏味呢！如果我们对待事物的美和丑太过于挑剔了，专要选择美的，那些丑恶的东西又该留给谁、怎么办呢？这就人为地形成了竞争与痛苦，而且世上也没有几件事物是我们能够接受得了。

  老子说过：天下的人都知道美的东西是美的时候，那么天下就要有丑恶的了。也就是说善恶与美丑原本都是相对的，本来都是正常的，没有什么丑的和美的区别。只是我们人类有了分别的念头，有了贪婪的欲望，有了爱美厌恶的心理，所以才会有选择和烦恼。如果你执著于自己所相信的美，而不能够接受整个世界的本来面目和现象，那便是与万事万物没有办法相互契合了，从而经常处于一种格格不入的状态。没有办法适应自然的人，只能被自然所淘汰。所以，还是应该把好丑心放得淡一些。

  同样，对于贤明和愚蠢的分别也是如此。社会之大，无奇不有；龙生九子，各有不同。完全相同的东西是没有的，不同才是正常的，有圣贤自然会有愚蠢。这就是社会发展的规律，谁也改变不了。但有些人就是看不惯那些所谓愚蠢的人，只愿意与所谓的圣贤相来往。然而孔子教人却要不分愚蠢、贤明和不肖，目的就是要以先知觉后知。

　　无论是谁都是可以得到觉悟的，一切众生皆有佛性，这就是佛教的人生观。从众生的角度来说，人人都可以使本有的佛性得到开发而觉悟成佛；从他人的角度来说，对人人都必须平等相看，从而培养出自己的平常心来。倘若是只接受那些贤明的人，而摒弃所谓愚蠢的人，岂不是使贤者愈贤而愚者愈愚吗？普天之下，又能有几个人能够成为他人眼中的圣贤智者呢？智者千虑，必有一失；愚者千虑，必有一得。就是要说明不要有贤愚的分别，过分地尚贤弃愚，肯定要与大多数人疏远，从而变成孤家寡人一个了。

　　真正的君子行为处世，应当是心中明白那些好丑、美恶、贤愚的道理，而外表却给人以浑厚涵容的德行，便能够使美好的人心理得到平衡，丑恶的人也能够得到心理的平衡，包括那些美好和丑恶的事物也都得到了正常的评价；使贤明的人得到了利益，那些愚蠢的人也同样能够得到利益。这才是君子参赞宇宙造化，有助万物生长的德行。

　　所谓心中精明，就是要知道宇宙人事的得失实际，而外表浑厚则是无论好丑、美恶、贤愚等全盘接纳，不加分别。这样一来，那些贤明而骄傲的人就会谦虚下来，愚蠢而卑贱的人也会聪明起来，各自都获得了自己的利益。就像阳光和空气水分一样，给宇宙万物带来了生命，却丝毫不去有什么分别。既映照滋润着园中的牡丹，也同样映照滋润着原野的小草，使天下草木皆欣欣向荣，这才是大自然的好生之德。

真廉与大巧

　　任何事物从根本上讲都是没有分别的，都是从宇宙的大道中生出，都在同一个太阳下，同一个地球上生存的。然而正是有了人类这个精灵的出现，才使得宇宙充满了生机。而人类为了认识事物，就必须运用自己的形象和逻辑思维，就得把许多的事物建立起相对立的概念和范畴来把握。比如说廉洁与贪污、巧妙与笨拙等，都是相对立而存在的，而概念的确立又是在有了一定的现实需要之后的事。必然是先有了贪污的事实，才会有廉洁的概念，廉洁是针对贪污而立名的。老百姓根本没有机会或者名分去贪污，所以这廉洁又是针对当官者而说的。

当官的责任是要管理好自己的部下百姓，使大家都过上好日子，正是通过自己的辛苦换来人民的幸福，所以廉洁原是自己的本分。但是由于有人私心过重，违背了当官者的责任和义务，坑害了百姓，所以人们才会赞颂廉洁而反对贪污。因此，任何一个正常的社会，廉洁的干部越多，这个社会的秩序就会越安定，而人民的生活也就越加幸福。贪污的名字不好，所以人们都要躲避它；廉洁的名字好听，所以大家都趋之若鹜。有了廉名，也许还会升迁为更大的官职，利益也许就更多了。所以说，真正的廉洁是本分的事，不需要图个名声的。

有的人在表面上看来虽然不贪图利益，却只是为了贪名，贪名的目的是为了贪利，因为名利二字紧密相连。这和许多人做了好事一定要把自己的名字公布出来是一样的事，无非为了博取一个慈善的名声而已。现在的社会是经济实惠的社会，有名的要为利，有利的要得名，名利永远是兄弟。

同样，巧妙也是因为有了笨拙的概念后才出现的，没有巧也就没有拙，没有拙也没有巧。巧妙用现在的术语来说，就是技术、方法。一种法术应对一种事物，这个巧妙不可以针对那个事物。因此，使用法术的人若是被法术所困住，巧妙的法术也要变成了笨拙的行为了。真正的巧妙在于随顺自然，依圆就方，来而不定，定而不滞。这样才能够适应万物，巧夺天工，妙比造化，不会因为某一种技术而妨碍了万物，所以说大巧是没有法术的。若是固执于法术手段而忽视了行为目的，一旦事出突然，也就毫无办法了。

孙子为什么要写兵法，是因为天下有不懂兵法的人；老子之所以要写《道德经》五千言，是因为天下还有一些没有觉悟的人。所以说，这些智慧的方法都是为了愚蠢和笨拙而设立的。但《道德经》中说过："大巧若拙。"巧和拙本来没有什么分别，都是人心分别之后的产物。如果有人故意要使用工巧，就是我们常说的"弄巧成拙"，想巧反而成了拙。那个周瑜设下计策要杀刘备，却上了诸葛亮的圈套，赔了夫人又折兵，岂不是大拙了。最好的巧妙，其实就是不用巧术，一切都能够顺其自然。

山林与名利

　　人类的专利就是文化，对自己所做过的任何事情都可以给以合理的解释。而且文化越进步，人类的虚伪性就越增强。物质文明的发达，从更大程度上将人异化为机械，使其成了物质欲望的奴隶。但人总是人，总想从平凡的世界里找到超越的自我，于是，身在江湖上却会心怀魏阙，身处魏阙却又心系江湖。人的生活就是在这个矛盾当中，没有的想有，有的却想放弃。

　　还有许多事情的处理，表面和事实上却往往相差甚远，嘴里说的和行动上做的也根本不一样。就比如那些爱好谈山林乐趣的人，往往是那些长久地身处尘嚣中的人占多数。城市中经济发达，生活繁华，节奏飞快，人与人的关系淡薄，所以很多人往往不适应。正因为如此，他们常常会说，要是生活在山林之中该是多么好啊！那里没有喧嚣热闹，没有尔虞我诈，有的只是鸟语花香，山清水秀，令他们非常向往。但是，让他们去山林之中游玩一下是可以的，真要他们长久地生活在其中就不那么容易了。

　　因为，他们只是在想适应却不适应城市生活的时候，才会想起山林的乐趣，并不是真正地爱好山林。而真正了解山林之趣的人，早已经置身其境而不思其返了。有许多的乐趣，是言语所不能表达的，正如陶渊明所说的"此中有真意，欲辩已忘言"。世人把山林的乐趣常常挂在口头上，以此来作为风雅的韵事，只不过是道听途说，想当然的情形而已。至于那些耳目之外的生活真实以及山林中的自然乐趣，他们就无从说起了。这就是说者无心，有心无说。

名利之心，人皆有之。正是名和利这两个杠杆的作用，才撬动了人类的历史，所以人不能没有名利。但是，名利又不是生活中的全部，生活中还有更加美好的事情可做的。况且，人人都为名利而活着，名利自然也会有大有小。为了争取那个大名利，人们就一定会进行争夺、战斗，反过来又给人类带来了不安和毁灭。

为了生活得安宁和幸福，那些圣人便出来教导人们不要执著于名利，而作为社会表率的君子自然要淡泊名利。人们都不愿意做小人而乐意为君子，所以不少的人都会做出一种厌恶名利的姿态来。姿态归姿态，行为是关键。嘴上说不为名利，行为上却沉溺于猎取名利的人，便是个伪君子。他们的内心不会放下清高的名望，清名又往往会带来利益。这种人虽然比起那些在名利场中追逐的人似乎高明一些，但却未必能够全部忘却名利，只能口是而心非。

名和利都是流动而不能永恒的东西，人们一旦执著了它们，就好像染上了毒瘾一样，用自己全部的身心为筹码，去换取那空洞不实的东西，实在是不值得，因为人类的生活中还有着更为重要的内容和意义。但是，名利本身并没有过错，错在于人们为了名利而引起的纷争，错在人们为了名利而忘却了生命的本质，错在人们为了名利而伤害了情义。君子也不能离开名利，关键在于怎么去取得，所以完全不在乎厌恶不厌恶名利的问题。如果本身已经完全对名利不动心了，自然也能够不受名利的影响了。

伏久与开先

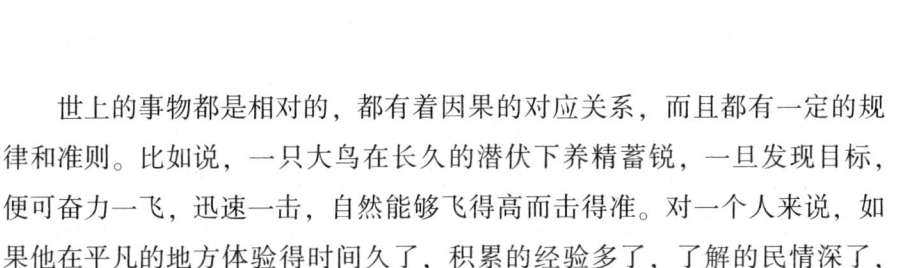

世上的事物都是相对的，都有着因果的对应关系，而且都有一定的规律和准则。比如说，一只大鸟在长久的潜伏下养精蓄锐，一旦发现目标，便可奋力一飞，迅速一击，自然能够飞得高而击得准。对一个人来说，如果他在平凡的地方体验得时间久了，积累的经验多了，了解的民情深了，那么一旦他得到了机会就可以大显身手，必定痛快淋漓，而能达到"不飞则已，一飞冲天"的境界。

如果没有这长久的潜伏，又怎么能够"飞必高"呢？就拿如今的火箭来说，它的推进器力量大，它就能飞得高而且远，如果力量小自然就飞不高而不远。历史上的那个晋公子重耳之所以能够成为春秋五霸之首，就因为他潜伏的日子长久，在外流亡十九年，受尽了酸甜苦辣。所以，一旦回国之后，他便能够体察民隐，使国力迅速提高，从而做了天下诸侯的盟主。那个只知花天酒地、声色犬马的楚庄王，就是那只"不鸣则已，一鸣惊人"的大鸟，有了充足的准备，才一发而不可收，以至于能够问鼎中原。

从花开花落的现象中，我们可以得知，草木有芽花实枯四个阶段，也像自然界中的春夏秋冬一样，相配起来就是春芽夏花，秋实冬枯。这是自然的现象，而花开早的便一定早落，花晚开的也一定晚落。因为，花季总是有一定的时限的，时限一到便要凋谢了，正是"惜花常怕花开早"。

对于一个人来说，如果开发成熟得早，而各方面的生理和心理条件都还没有完全具备，就很容易后继动。他自己所积蓄的力量不大，一旦要全力开发，自然很快就会竭尽力量而失利。历史和现实中的神童不少，但最终结果都不是很理想，就因为他们在还没有充分准备好的情况下就被太早地开发了，等不到中年便都成了平庸的人，甚至还不如一个凡人。反倒是那些年轻的时候默默无闻的人，却在岁月的流逝中不断地总结经验，汲取教训，储备实力，而终于成了晚成的大器。生活经验和智慧宝藏的开发也是这个样子的，就像是一坛酒一样，越陈年就越香甜。必须要它在岁月中酝酿、发酵直到成熟，才会是一坛上等的好酒。

第二章
不为一切艰难所束缚

对于每个人来说,一生不可能是一帆风顺的,随时都可能遭遇各种各样的艰难困苦。面对艰难,面对不幸,我们所要做的不是怨天尤人、自暴自弃,而应该不断捕捉生存智慧,学会勇敢和坚强。要知道,上帝永远是公平的。等到有你真正将自己打磨成一块金子的那一天,任何人都掩不住你灿烂夺目的光辉。

破绽与艰难

人常说"出力不讨好""好人多遭难",但却又往往不愿意接受这种说法。他们总认为这世上的事情"出力会讨好""好人得平安",可是事实却与人们的意愿恰恰相反。当然,那些"好人"的定义往往是对人好,很仗义,爱护人,爱操心等。比如说,好在人情场面上作周旋应酬的人,大家肯定都会说他好。但他毕竟只是一个人,要应付全部的人并且让他们都得到好处是不可能的,所以他必定在人情的场面上出现过过失。交际应酬的事,本来就难以面面俱到。这里应付得了,那里却未必应付得了。即使是八面玲珑的人,也难免落得个虚假油滑的名声,甚至会得到抱怨。他不是一个好人吗?对别人好为什么对我不好呢?更何况交友多了必定得掺假,穷于八面应付,难免要虚与委蛇。全天下都是好友了,就是圣人也难以做到的。

孔子尽管说"四海之内皆兄弟",可他真正得到的弟子也不过3000人,真正的得意弟子也才72个啊!周旋到了烦人的地方,自己心里一定难受;恩情多了反而会显得浇薄了,势必会招致怨恨,各种麻烦和嫌弃也就产生了。因为在大家的眼里,这个人的职业就是为他人服务做事,只要有一点点帮助照顾不到的地方,马上就会得到抱怨。常见现在的好人模范遭罪,原因就是天下的人都要求他无私奉献。对谁都得奉献,这就难办了。所以,最好的办法是少一点应酬,多一点实际,自己有了安身立命的事业,所交到的朋友也会有一个是一个了。

因为爱护的缘故,就会对自己朋友或者亲人负责,看到他们做错了事自然会给予责备。而且爱得越深,责备得也就越厉害,目的是要他们好。如果不爱护他们的话,任由他们去死去活,与自己毫不相关的又何必去指责呢！但是，责备也是要有方法的，要使他们能够接受得了才行。要注意场合、方法、轻重、尺度等，要让他们的自尊心能够接受得了，就要用充满爱心的语言加以诱导。

但由于自己已经完全把想爱护的人当成了自己的一部分，所以对他们的缺陷是一点都不能容忍的，一旦发现了便会痛加指责，结果使得对方不忍接受，反而心怀怨恨，不仅于事无补，还更加增添了隔阂。所以，这爱护之中却生出了怨恨，指责他们不但没有见效，反倒是自寻了烦恼！

总之，大凡是执著于什么地方，在什么地方便有艰难；难以舍弃什么地方，什么地方便有艰难；心中留恋什么东西，什么东西便是烦恼的根源。所以只有能够舍弃一切难舍的东西，不去留恋一切可以留恋的人，才能够自由自在地生活在人世间，而不为一切艰难所束缚，也才能够做一个真正的好人。

成功与失败

人在奋斗的过程中吃尽了苦头，而最后的笑声才是最甜的，最后的成功才是具有决定意义的成功，起初的成就和痛苦只不过都是为后来而设的奠基石。有时，所谓的"失败"只是一种假象，它会引领我们走向成功，将我们的人生从旧有的模式引向一个更新、更好、更理想的航程。

1864年9月3日这天，寂静的斯德哥尔摩市郊，突然爆发出一阵震耳欲聋的巨响，滚滚的浓烟霎时间冲上天空，一股股火花直往上窜。仅仅几分钟时间，一场惨祸发生了。当惊恐的人们赶到出事现场时，只见原来屹立在这里的一座工厂已荡然无存，无情的大火吞没了一切。火场旁边，站着一位三十多岁的年轻人，突如其来的惨祸和过分的刺激，已使他面无人色，浑身不住地颤抖着……这个大难不死的青年，就是后来闻名于世的阿尔弗莱德·诺贝尔。

诺贝尔眼睁睁地看着自己所创建的硝化甘油炸药的实验工厂化为灰烬。人们从瓦砾中找出了五具尸体，其中一个是他正在读大学的活泼可爱的小弟弟，另外四人也是和他朝夕相处的亲密助手。五具烧得焦烂的尸体，令人惨不忍睹。诺贝尔的母亲得知小儿子惨死的噩耗，悲痛欲绝。年老的父亲因太受刺激引起脑溢血，从此半身瘫痪。然而，诺贝尔在失败和巨大的痛苦面前却没有动摇。

惨案发生后，警察当局立即封锁了出事现场，并严禁诺贝尔恢复自己的工厂。人们像躲避瘟神一样避开他，再也没有人愿意出租土地让他进行如此危险的实验。困境并没有使诺贝尔退缩，几天以后，人们发现，在远离市区的马拉仑湖。出现了一只巨大的平底驳船，驳船上并没有装什么货物，而是摆满了各种设备，一个青年人正全神贯注地进行一项神秘的实验。他就是在大爆炸中死里逃生、被当地居民赶走了的诺贝尔。大无畏的勇气往往令死神也望而却步。在令人心惊胆战的实验中，诺贝尔没有连同他的驳船一起葬身鱼腹，而是碰上了意外的机遇——他发明了雷管。雷管的发明是爆炸学上的一项重大突破，随着当时许多欧洲国家工业化进程的加快、开矿山、修铁路、凿隧道、挖运河都需要炸药。于是，人们又开始亲近诺贝尔了。他把实验室从船上搬迁到斯德哥尔摩附近的温尔维特，正式建立了第一座硝化甘油工厂。接着，他又在德国的汉堡等地建立了炸药公司。一时间，诺贝尔生产的炸药成了抢手货，源源不断的订单从世界各地纷至沓来，诺贝尔的财富与日俱增。

然而，获得成功的诺贝尔并没有摆脱灾难。

不幸的消息接连不断地传来：在旧金山，运载炸药的火车因震荡发生爆炸，火车被炸得七零八落；德国一家著名工厂因搬运硝化甘油时发生碰撞而爆炸，整个工厂和附近的民房变成了一片废墟；在巴拿马，一艘满载着硝化甘油的轮船，在大西洋的航行途中，因颠簸引起爆炸，整个轮船全部葬身大海……一连串骇人听闻的消息，再次使人们对诺贝尔望而生畏，甚至把他当成瘟神和灾星。如果说前次灾难还是小范围内的话，那么，这一次他所遭受的已经是世界性的诅咒和驱逐了。诺贝尔又一次被人们抛弃了，不，应该说是全世界的人都把自己应该承担的那份灾难给了他一个人。面对接踵而至的灾难和困境，诺贝尔没有一蹶不振，他身上所具有的毅力和恒心，使他对已选定的目标义无反顾，永不退缩。在奋斗的路上，他已习惯了与死神朝夕相伴。

炸药的威力曾是那样不可一世，然而，大无畏的勇气和矢志不渝的恒心最终激发了他心中的潜能，最终征服了炸药，吓退了死神。诺贝尔赢得了巨大的成功，他一生共获专利发明权355项。他用自己的巨额财富创立的诺贝尔科学奖，被国际科学界视为一种崇高的荣誉。

不经历风雨就不会见到彩虹，任何一个人在走向成功的过程中，都不会是一帆风顺、平平坦坦的，都会走一些弯路，经历一些坎坷，在一次又一次地跌倒之后才能为成功找到出路和方向。

生活中，每个人都会面临失败的考验，考验他们的意志、他们的心态。不必否认，成功者也会失败，但他们之所以能够成功，就在于他们失败了以后，不是为失败而哭泣流泪，不是消极厌世，而是从失败中总结教训，并勇敢地站起来，抚平伤痕继续前行……

可许多失败者在失败之后，并不是积极地从失败中总结教训，而是一蹶不振，始终生活在失败的阴影里不能自拔，为失败而痛苦和流泪。他们也在总结，但他们的总结只限于曾经失败的事情，悔恨当初自己的所作所为，"假如当初我不那么做就好了"等种种借口，为自己的过错开脱。

成功的人，不一定是智商很高的人，关键在于他们犯了错误之后能认识自己的错误，并积极地站起来，去开拓属于自己的目标。成功和失败并不遥远，往往只有一纸之隔。如果你能正确地认识到自己的不足，并加以改正，那么最后的胜利非你莫属。

识迷与放怀

　　人生存在世间与其他的动物有所不同，原因是人们总有一种愿望要弄清楚自己到底是怎么一回事，比如说自己生从何处来？死向何处去？弄明白了就是觉悟，弄不明白就是痴迷。迷的本意就是失去了自己的道路，不知该怎么走。我们的生活中有许多事情会让我们感到迷惑而不知所从，那些具有智慧的人往往在没有迷失自己之前就已经识破了机关，所以会选择一条正确的路；愚蠢的人却根本就看不出歧路和大道的区别，所以无法做出正确的选择，甚至是沿着歧路一直往而不返。倘若是能够识破这种虚假，自然就不会再沉溺在其中而不能自拔。

　　可惜的是，人们往往经过了一番蒙蔽，费尽了千辛万苦才走出了这一个迷惑，但却因为缺乏辨认大道与邪路的经验，所以就又陷进了另一个迷惑之中。要想不陷入到这些迷惑之中，最好的办法就是要进行比较总结，借用前车之鉴，然后就会得到一个清醒的认识。再遇到这类情况时，就不会被迷惑上当了。就个人而言，如果对那些最令人沉醉的事物都能一一看破的话，那么就很少有能让他迷惑的事了，自然就能够处处清醒。

　　人们有心，好在心灵很空虚，所以其中能够装得下很多东西。而让人们觉得最难以放下的，无非是名利、得失和憎爱等念头。难以割舍名利的人，如果没有名利的滋润，他们便会觉呼吸困难，生命也不可爱了。一旦得到了名利，应该说该心满意足了，可又害怕把它失去，仍然觉得呼吸困难而生活维艰。至于那些心怀憎恨的人，眼中看到的人都是可恨的，心中想到的事也觉得可恨，就连他生活在其中的一切都会令他感到不快，感到生存的艰难。

　　人常说，世间只有情难了，所以难以忘怀的就是个情字，再加上那些难舍的事。至于那些钟情难舍的人们，则是恩恩爱爱，耳鬓厮磨，爱得死去活来。好不容易这对相爱的人成了眷属，却不是今天吵架，就是明天冷淡，后天却又不得不分离。原因只有一个，就是心中有物，老用一个理想的标准去判断和要求对方。没有结婚前，大家拿出来的都是假面孔。一到结婚后，各自的缺点都暴露了出来，而双方又都要求彼此具有理想的条件，所以就难以有一个美满的生活。其实，一旦大家都把那难以忘怀的东西放一放，心灵也就自在宽广多了。心境一宽，则天下万物都宽广了，生存的自由度也自然加大，无论什么地方也无处不是幸福的乐土了。

人心是到处牵牵缠缠，天地却始终辽阔无限。脚下的道路都是自己心中的路，心中如果没有道路可走的话，那自然是自己迷了路，怨不得任何人。一旦把那挡路的石块拿走，遮眼的树叶取开，自然道路宽广了，一切也都顺遂了。说到底，还是一个世界观的问题。

担当襟度与涵养识见

人的行为对象是事。事在人为，有什么样的人就会有什么样的事，有什么样的事也就会造就什么样的人。事情有大小难易的分别，人也自然会有巧拙、贤愚等的分别。一般的人遇到了自己所不能解决或是无力承担的事情时，往往容易采取逃避的办法，或是自我保护的措施。他们总想着，天塌下来有高汉顶着，所以从来不会承担什么责任。

但是，若人人都采取这样的态度，岂不是无人来担当重任了吗？所以，每逢那些大事或者难事的时候，便可看出一个人的担当来。如果一个人能够在艰难危险的时候挺身而出，或者是在紧要关头承担大任，那么他肯定会成为更多的人的精神支柱，也往往会被大家所信服和拥戴。

看一个人的胸襟和气魄，还是要把他放在一种关系里去考察。人事关系无非是顺和逆，人们往往适宜于在顺境中生存，因为这样只需要一种技术就可以了。但在逆境中却完全不同了，不是仅仅需要技术就行了，它还需要一个人的胆识、意志、毅力、胸襟等，是一种综合能力的磨练和考验。

一个有胸襟气度的人，在身处逆境的时候是不会怨天尤人的，他能够接受顺境，也自然能够接受逆境。因为在他的眼里，世间的事情从来都不会是一帆风顺的，也不可能十全十美，所以他会把逆境和顺境都当成是生活必须走过的路，从而会付出同样的努力。要度过逆境的办法只有一个，靠自己不懈的努力，当然它的前提是有一种大无畏的胸襟和气度。

人类的感情中最可怕的就是喜和怒，这两种感情最容易使人的心理动摇而失去正确的判断力。历史上有佞臣谄媚，皇帝龙颜大喜，便会赐以重赏，甚至是半壁江山；有忠臣犯颜直谏，使龙颜大怒，便要杀头砍脑，干下许多蠢事。刘备一怒而伐吴，竟然坑害了许多的蜀中将士；吴三桂一怒为红颜，却招来千秋骂名。大人物不敢轻易喜怒，小人物又岂敢轻易喜怒呢！

喜要能不得意忘形，心中要有数，不至于昏了头脑，做了过头的事情；怒要能够明白后果，怒得有威有严，不至于招来是非恶果。所以，有涵养的人对于事理十分通达，往往不容易为喜怒所转动，一方面因为是真正可以使其喜怒的事情并不多，另一方面也是因为喜怒之时情绪不稳会造成判断错误。那么，为了不至于造成悔恨，就必须增强自己的涵养，以便在喜怒之际而能够无动于衷。

一般人都是随大流，愿意随着别人的路子走，人云亦云，随声附和，没有自己的主见。如果与大家一样去做事，不管他们做的事对不对，也不去加以分析和判断。这样的人，也与大家没有任何区别，只是凡人一个，不会有什么出息的。

良心与真情

人们生存在世间，最宝贵的是良心，最该珍惜的是真情。但由于虚伪越来越多，良心和真情也就日益被掩盖起来，很难见到了。但是再恶劣的人也会有真情与良心萌动的时候，杀人犯对待自己的情人也一定会有真情，丧尽天良的人见到自己的亲人也一定会有良心。关键是他们的良心被自己的种种欲望所遮掩，但总有良心发现、真情流露的时候。

白日里喧扰嘈杂，没有心思坐下来静想，所以往往都是依照赤裸裸的利益原则来交易和办事。等到万籁俱寂，夜深人静，一盏孤灯，独坐细想的时候，一日的言语行为都会历历在目。重新检点一下，才觉得有许多不是的地方，便会生出来惭愧的心理。因此，在那夜气清明的时候，最容易使人良心发现，自我反省。

真正的感情不在于山珍海味、满汉全席里，而在于一箪食、一豆羹之间。因为锦衣玉食的味道浓厚，人们的心理容易生起贪恋却反而忘却了真情；一箪食、一豆羹的味道淡薄，但人们的心理生不起执著反而使真情容易流露。现在的人情浇薄，无论办什么事情都要烟酒，还要到饭馆里去吃上一顿，吃还要吃那生猛海鲜，有的甚至一餐便挥霍二三十万元，名副其实地挥金如土。

但是，那些吃金屑菜的人最多还只是个酒肉朋友，一到关键时候便会树倒猢狲散，真情没有一点。以酒肉结交的朋友，往往都是些利令智昏的人，多了之后必然会陷入悔恨。以茶水所结交的朋友反而感情长久，原因就是君子之交淡如水，只有白水是喝不够的。

说到这里，良心和真情对谁来说都是有的，就看你怎么去发现它们了。为了改变一个人的不良行为而不断去苛求他，找他的不是去批评他，

不但批评者自己很疲累，就是挨批的人也会生厌，真倒不如让他自己反省。觉悟到了自己行为的不对处，才是根治的良方。同样的，与其让我去攻击他人的恶行，检举他人的罪行，使他恼羞成怒，还不如使他自我感到惭愧而向人坦白，那才是最好的办法。

良心和真情是社会的凝聚力，是一个国家或者民族的核心，也只有在良心和真情这一点上才能把所有的民众团结起来。所以，无论在什么时代或者什么社会里，都会重视国民的良心教育和情感培养。通过良心和真情的教育和启发，既不会使自己感到疲累生厌，也不会令他人恼羞成怒，自然是皆大欢喜的事。

庸愚与豪杰

世间的人尽管多种多样，但大体上无非分两类：一类是那些平平庸庸的凡人，一类是那些大好大恶的豪杰。凡人因为见识短浅，所以不会干什么大好事或者大恶事，就是平常说的良民。英雄豪杰往往在智慧聪明上高人一等，所以便有能力去行功德或者做恶事。人类的许多事情都是那些聪明人折腾出来的，所以《老子》说过："绝圣弃智，民利百倍；绝仁弃义，民复孝慈；绝巧弃利，盗贼无有。"

没有了聪明、仁义、巧利，尽管天下人都成了凡人，但生活却会安定很多，百姓也会富强、孝慈而没有盗贼了。而那些圣哲们一出，就会利用百姓的平庸，去争夺自己的利益。常见世人死于那些欺世盗名的豪杰之手，却没有见到世人们曾经死于那些平庸愚蠢人的手上。

愚蠢的人才智虽然不足，但他不会给社会带来灾难；英雄的人才智尽管出众，但如果心术不正，专门贪图自己的私利，那么他的才智无非是吃人的工具而已。才智越高，他的毁灭性就越大，给人类带来的灾难也就更大。比如说那个希特勒，在管理国家上是有才智的，但却把他的才智转化为消灭人类的武器。说得好听点，这些人就是豪杰，不好听了就是枭雄。如王莽、曹操等，都是这样。豪杰之所以为豪杰，就在于能运用才智给众人造福，否则就只能称之为枭雄和贼寇，所谓欺世盗名的豪杰便是指这一类。但不管怎样，没有豪杰的社会一定是个很安定和幸福的社会。

遗憾的是，一般的人谁都不甘心做庸人和愚氓，而宁可粉身碎骨也愿意去做一个豪杰。他们无非是为了表现自己，成就自己的名利而已，却很少有人专心为众人谋求福利的。当然，出于这样的目的，即使是才智再高，也难保将来不欺世盗名。反倒不如安分守己，平平庸庸地过上一生。即使给社会添不了色，但也绝不给社会带来麻烦，免得贻人口实。

真正的豪杰要吃尽苦头，不能担当其苦的也就不足以为豪杰了。明知豪杰难为，却能够去甘于平庸，做那最平凡的事业，而不去欺世盗名，却才是真正伟大的英雄。

清福与清名

人们常说要享清福，可见这清福不好享，也就是说清闲安逸的日子并不好过。不仅上天会吝啬他的清福而很少赏赐给人，就是一般的人们也不容许那些太过清闲的人。因为人在清闲安逸中容易变得懒散起来，逐渐会失去生命的活力，甚至会生出悲观的情绪，就如那个有名的懒人奥勃罗莫夫一样。这是因为身体闲散了，种种机制都不太灵活了。但是，他们的心灵也许还不得闲，还要追求那种种的妄想和幻觉，以至于忘掉了生活中的真实，从而导致与现实的隔阂和毁灭。

常常看见那些一生辛苦勤劳的人，他们一旦清闲下来，却不懂得怎样去重新安排消遣生活。过不了几天，他们就会觉得与世隔绝，百无聊赖，衰老而死。这是上天在吝惜清福呢？还是人们受不了那种无聊呢？倘若那些清闲的人们能够利用这些难得的空闲，做上一些有意义的事情，读点书，写点文章，练练拳脚和气功，甚至去做些义务的公益事业，结交的面反而广了，又不受在岗时的限制，自由自在地生活，到处都充满了生命的乐趣和存在的价值，也就不至于如此了。所以说，整天有事去做，忙忙碌碌地，反倒可以销掉那些清福，上天也就不会嫉妒了！

枪打出头鸟，雨淋出头椽，这是自然的规律。所以，好名声也是不容易维持的，而且要维持也是件很累人的事情。太阳给人间带来了温暖，空气给人类带来了生命，宇宙万物给生命注入了活力，但却并没有去争取什么名声和什么报答。如果人们因为自己的一点努力而博得了大名声，那么上帝也会嫉妒的，因为什么恩德都大不过太阳、空气和宇宙万物所赐给人类的恩德。所以，最好的办法就是《老子》所说的："持盈之道，损之又损。""天之道，损有余而补不足。"这就是说自然的规律是平均的，多余的东西肯定会被损掉去补给那些不足的地方。有名声的也一定会被去掉而补给那些无名的，因为名声本身又是一种罪过，真正有德行的人才可以居之。

如果要想保持这种名声，就不得不去永远保持成名时的状态。这是一件很难的事情，会很苦很累。一旦放松了这种状态，完美的名声便会扫地，有时也会带来祸害。因此，在盛名的时候，如果能够遭到他人的毁谤，也未尝不是一件好事，因为它可以提醒人们注意并且怜惜自己的羽毛。而且名声既然已经受损，就不至于太招风而容易遭人嫉妒，反而可以摆脱盛名的疲累，做上一些自己喜欢做的事。

如前所说，德行不够就不要去享那清福，事业不成也就不要享那名声。与其让老天来惩罚，或者是他人来毁谤，不如自己谦虚，损之又损呢！

嗜好与养德

人类在历史的发展中，自然形成了各种各样的生活模式和社会阶层，人们由于各自地位的不同，对生活的认识和追求也自然有所差异。比如说，一般人总羡慕那些行为潇洒、风流倜傥、名留青史的人，如那些直士、文士和游侠。但是从这些被人羡慕的人本身来说，并不见得就自我感觉良好。

嗜好名声和节操的人，可以为名节去和人拼命，甚至可以去矫饰，目的是为了名节的完美；嗜好文章和诗词的人，也可以为一句辞藻而语不惊人死不休，目的是为了博得一个名声；那些以游侠自任的人，却往往是打杀有余而仗义不足，目的只是为了争一个豪爽的名气。

说到底，这些大都是所谓的"客气"，就像嗜好酒精的酒鬼那样，一旦三杯下肚，便有了无穷的胆气，会许下无边的大话，一派英雄的气概。其实是一点用都没有的，因为这不是发自内心的真正情怀，也不是他自己的本色。

如果追究其根源，这些行为不过是嗜好自己的面子罢了，于自己于他人都毫无裨益。这种种情形，无非都是缺乏道德修养所造成的结果。嗜好名声和节操、嗜好文词与章句、嗜好游方与侠义，原本也不是什么坏事，只是社会要求树立名节为的是端正风气，推崇文章为的是鼓励文化，表扬游侠为的是主张正义。若是对此没有一个清楚的认识，往往行动起来就似是而非，徒有虚名。如果不是当行的本色，而只是因为一时的兴起，便心血来潮。这样不会长久，反而容易厌倦。岂不是失去了本来的初衷！而唯一能够使得嗜名节、文章以及游侠的人内外浑然，表里如一的办法，就是用道德来涵养，先去除掉外在的浮躁气，从而达到本色当行的境界。

第三章
树立正确的人生观

我们不停地在学习和认识世界,目的就是要有一个正确的人生观和世界观。观察人生和世界的角度改变了,人生和世界在我们的感觉里便成了另一种样子。

荆棘与人我

世界是美丽的，生活是幸福的，能够生存在人世间是难得的。人们的生活标准就是要求得一种快活，也即痛痛快快地生活。但生活中有什么地方不快活呢？同在一个太阳下，同在一个地球上，呼吸着同一种空气，人跟人又有什么难以相处的呢？但是，人们就是相处不来，就是觉得生活不美满，就是觉得人生太痛苦。所以有个成语说"杞人忧天坠，庸人自扰之"。本来很快活的生活，他们却觉得没有劲头，硬是要玩些深沉，自寻些烦恼，才会觉得充满了意义。这就是人！

一个人的心中一旦抱有不平衡的情绪，在与人交往的时候就容易伤人。因为在他的眼里谁都不能相信，谁都有可能是阶级敌人，谁都可能对自己使坏。即使是闭起门来独身相处也会伤害自己，因为他自己的心里一直埋藏着荆棘和不平。

什么是妨碍我们与人正常交往而享受人生乐趣的荆棘呢？无非是那些播种在人心里的猜忌、嫉妒、隔阂和自私。这些东西造成了我们拒绝将心扉打开，不愿意与人进行深层次的交流。即使是在形体上与他人握手言欢的时候，我们的心灵却仍然是封闭着的。正是古人说的"害人之心不可有，防人之心不可无"，但心里老是在提防着他人，实际上也是一种莫大的痛苦，所以会觉得不快活。

不过，人是需要友谊和情爱的。友谊和真情会使我们欢笑、快活，更会使我们同舟共济，休戚相关。没有友谊，我们就会被自己所打起来的围墙困住，仿佛被关进了禁室。友谊就像一扇门，需要自己去打开，你不去叩门，别人怎么会为你开启呢？当然，你如果不把自己的门先打开，又怎么能够去打开别人的门，而且别人又怎样能进来呢？同样，不把心里的荆棘除掉，别人自然不能够进入我们的心中并且感到欢畅，反过来心中的这些荆棘最终只会刺痛我们自己。

我们常说，我们不停地在学习和认识世界，目的就是要有一个正确的人生观和世界观。观察人生和世界的角度改变了，人生和世界在我们的感觉里便成了另一种样子。没有不变的世界，也没有不变的观点，关键是能够寻找到一个正确的方位和角度。心里没有了界线和障碍，活得就会轻松自在了。如果能够抛开胸中的荆棘和坎坷，从而获得人生最宝贵的友谊和真情，岂不是天下第一快活的事吗？整个世界在我们的眼中岂不是显得更加完美吗？

恶邻与损友

人世间的事情绝对没有一个是没有矛盾的，大家都生活在矛盾之中，所以才显得人生有了意义。人是社会的，所以一大部分的意义就在与人的交往中，很明显的就是处邻居与交朋友。人都愿意生活在一个和睦安详的环境中，但如果要找一个完全是好人的地方住下，是绝对不可能的事。所谓恶邻，有的是品德恶劣，有的是行为恶劣。难以忍受的恶劣德行不仅会直接影响到你本人，也许还会影响到下一代，所以孟子的母亲会择邻而处。

但大多数的时候，尤其是现在的社会，选择邻居的事情是由不得自己的。果真遇到一个恶邻，他会在你要睡觉的时候弹琴练歌，不打扫门前的垃圾，经常带领一些不三不四的人来聚会等，的确是让人头疼的事。因为相处在邻近的空间里，必定会有趣味习惯相互冲突的时候。

人的地位和素质有着高低的不同，修养也自然存在着差异，所以很难要求每一个人都能够具有高雅的情调。众人聚会的时候，难免会有一些逢迎拍马，或是言谈粗鄙、惹人讨厌的人。他们或者是层次低，或者是没有涵养，或者是傲慢无礼，或者是自私自利，在各个场合里都是不难见到的。尤其是在商品经济的社会，我们的朋友也逐渐遍及各个领域之中。什么样的角色都会有，谁也没有办法把大家都变化成一个模式或者类型。这时，自己到底是与他们同声相应呢？还是让他饮他的花酒，我喝我的清茶呢？自然都是我们交友时所不得不考虑的问题。

其实，无论是恶邻或是损友，从另外一个角度来看，无非都是在考验我们的涵养和定力。当然这就是我们一直在强调的人生观和世界观，生活就是这个样子，从各个不同的角度去看，就会有不同的境界。倘若我们嫌弃那些恶邻和损友，或者与他们一般见识，我们岂不也成了毫无涵养的恶邻了吗？明白了这一点，遇事都能够选择大度，稍加忍耐也就过去了。即使是交涉起来，也要合情合理地进行。时间久了，这些恶邻与损友总还是会有良心的，一定会有真情流露的时候。

如果遇事便与他们一般见识，百般地挑剔和批评，不注意讲究方法，他们也会嫌弃我们。这便人为地制造出了隔阂，加剧了矛盾，对我们自身并没有任何益处。如果我们定力足够的话，也就决不会被人影响，反而能够影响他们。无论什么样的恶邻或损友，不仅是我们的试金石，而且还会变成我们的同道。这样的功德是莫大的，所以，往往那些圣人的故乡是很少有恶邻或者损友的。

君子与小人

古人在划分人格的时候，概念便是君子和小人。而君子和小人的分水岭，则在于君子以大众的利益为出发点，小人则以小我的利益为着眼点；君子不会因为个人的利益而损害大义，小人却宁可损害大义来谋求私利。

君子并不是不爱私利，但要取之有道，而且在君子看来，还有比个人利益更加重要的事情。

《孟子》的《告子》篇里说过：生存是我所期望的，大义也是我所追求的，如果这两个东西我没有办法全部得到的话，那么我就会舍掉生存而求取大义。生存是我所追求的，但我的追求还有比生存更为重要的一面，所以我绝不会苟且偷生。这就是君子的为人处世，小人就不同了。他们的目的只是为了一己的私利，宁让自己辜负天下人，也不愿意天下人来辜负自己，所以对于任何名利地位都会斤斤计较。他们自己活得不自在，也要让别人活得不自在。

五更头是夜将尽而天将明的时候，也就是新的一天将要开始活动的时候。人们焦虑地、拼命地追逐了一天后，大部分人都会在一二更也就是十点的时候睡眠，来调整和休息一下已经疲惫了的灵魂与肉体，并且为明天更有精力去重新竞争和追逐做好准备。到了五更左右往往就已经睡眠充足，意识苏醒，还没有睁眼便开始盘算这新的一天所要做的事情。

不过，这个时候因为刚从下意识中回来，意识还没有完全苏醒，所以这时境界和状态其实是美好的。老百姓有句话说："当官一辈子，不如天明一会子。"就在这非常平静而又温馨的时刻，也正是君子和小人、善良与丑恶萌芽的时候。君子所想到的是如何平等地对待任何人，并且竭尽自己的力量去帮助他人，将分内的工作完成好。小人则想到的是怎样去逢迎达官贵人，如何去占他人便宜，并且推托偷懒，寻找机会去吃喝玩乐。

所以，就在这一天将要开始的时候，只要能够反观内照，看看自己心中所盘算的究竟是什么，自己到底是君子还是小人也就十分清楚了。

听言与窒欲

人们进行语言活动的目的，是为了表达自己的思想，并且让别人接受，这就是语言的交流。语言有多种多样的，有书面的、有口头的、有善意的、有恶意的、有劝谏的、有怂恿的、有表扬的、有谩骂的，等等不一而足，关键要看我们怎么去接受。语言的表达又牵涉到语境、语气、情景、场合、姿态、含义、喻指等，其效果又各自不同，对于接受者的影响也不一样。而从接受者的角度来说，又要牵涉到自己的修养、境界、素质、情感、理智、反应等方面。

如果我们某一方面有所欠缺，就容易接受别人的影响，从而做出让别人高兴而自我后悔的事情。所以，我们听人话语，既要有感情，同时更需要理智的判断，否则动辄便以感情来接受别人的言语，往往会使我们犯下错误。因为感情的因素往往是主观的或者一相情愿的，许多语言的发生只是基于一时的情绪发泄。这种言语的可信度就成了问题，怕就怕我们自己酒酣耳热。

无论是什么语言，我们听了之后总会表现出喜怒哀乐，因为它的目的就是要刺激我们的听觉。但是，我们经常在事后，会发现远不是那么一回事情。所以，任何一句话听到耳中来，一定要用我们自己的理智和经验来判断，说话的人是出于理智还是情绪，与事实有没有出入。这样一来，我们才不至于陷进圈套，才能自己做自己的主人。

我们的心理之所以不能清静，是因为我们在自然生活和社会生活中会出现许许多多的私欲。喜爱的东西我们就会不停地贪婪和追求，求之不得，便会感到痛苦和烦恼。烦恼越多，我们的妄想反而越大，自己的心胸也因欲望的逼迫而感到喘不过气来，生命中便没有一刻的安宁。

《西游记》中，孙悟空所杀的那六个贼，就是我们的欲望的象征和代表：眼看喜、耳听怒、舌尝思、鼻嗅爱、身本忧、意见欲。这眼、耳、鼻、舌、身、意六种感觉器官会不停地施展我们自己意识中的欲望，拼命地往自己的心中添加。结果，把我们的心里都已经撑满了，没有留下一丝一毫的希望空间，生命自然也就会失去意义，只剩下了一片混浊的心。

要想消灭六贼，必须把心猿拴牢，正心诚意，然后六个贼自然会被孙悟空一棒打杀，心中便能够得到安静和空闲。倘若我们能够在道德修养上多下一些工夫，便可以知道有许多欲望是不应该有的，也是不必要的，而且反而会给自己带来很多麻烦。这样一来，便可以减少那些不合理的欲求，而使我们的心灵渐趋平静。

道是指自然运行的规律，也是我们实现人生意义和价值的正道。明白了天下的道理，不去妄想那些不现实的东西，知足常乐，也就不会逼迫自己去实现那些不切实际的私欲了，自然能够放开胸怀去呼吸那清爽的生气了。

寂寂与惺惺

生命在于运动，但动中必须有静；生命在于清静，但清静中必须有动。动与静本来就是生命的两种运动方式，缺一不可。静极便生动，动极便生静，这是万事万物运行的规律。所谓"寂"，就是说让自己心中的种种烦恼得到止息，从而达到一种无思无虑的状态。平常人的虚妄之念就像那污浊的泥水，而要止息它，就必须将那沟水堵住。然后，再使水变得澄清起来，成为不动的清水。这就是常说的那种古井无波的境界，心里不再起任何虚妄之念了。

但是，这个"寂"字，并不是教我们像一截木头那样毫无生气，而是

要有"常惺惺"的生机在其中。"惺"的意思，是心里有了北斗星，明亮不疑，知道自己所处的境界，有静还有定。此心本不迷，这就叫做"惺惺"。"寂寂"属于"一念不生"，"惺惺"属于"一念不迷"。"寂寂"不是死寂，"惺惺"不是妄想。

若能够如此，便不会有什么烦恼，而随时随地都处在禅定的境界中。禅定是佛教或者印度宗教修持的一种方法。六祖慧能的解释是：外边离开物相就是禅，内心安静不乱就是定。内心不乱，就必须有一种状态来保持，这就是"惺"；如果完全处在一种死寂中，没有了惺的状态，那么肯定就会受到干扰而无法维持下去。

人一旦从睡眠中醒来，意识就会不停地翻腾和奔驰，也就是《西游记》经常说的"心猿意马"，永不停歇。可是，心意如果一直外驰不停，自然要给别人去当牛马苦力，自己便无法主宰了。所以，孙悟空便只能给人去化斋讨饭，白龙马也只能让人去骑。对于修道者来说，无论你是修禅定或者养心性，都必须首先牢拴心猿，紧守意马，使其处于一种"寂寂"的状态而不乱动。"寂寂"之后，自心便不受干扰，"惺惺"的念头也就不会让我们落在别人或者外物的手里去当苦力。

若是我们在现实生活中，遇事都能够做到"寂寂惺惺"，动中有静可以不生妄想，静中有动能够不受干扰，便能在纷乱的世事中发挥自己的力量，常保自己心境的安宁和平衡。只有如此，才能真正实现自己的人生价值。

童子与成人

儿童的智慧和聪明少，但越少，他的人格和本质就越完整；儿童初生下来，完全是先天的状态，叫作赤子之心。没有加上任何的后天污染，所以最纯洁、最完美、最自在。

《老子》说过：要增长学问，就必须靠日益的积累。婴儿必须接受后天学问的积累，才能生活在这个充满虚伪和险恶的世界上，所以他所学到的东西都是与他的本性相违背的。知识和学问固然是由累积而来的，一旦累积的多了，便会成为一种负担。因为你必须用你所学到的东西来进行判断和选择，烦恼也就随之而生了。

成人的智慧和聪明多，但越多，他的人格和本性就越离散。人到了成年，说明他的学问和知识已经能够使他适应这个虚伪的社会了。但是聪明和智慧一多，他所专注的东西就会很多，便会形成注意力和生命力的分散。由于客观环境的影响，使他的心力一会儿在此，一会儿又在彼，全都属于外界来支配，而没有一个内在的主宰和统一。所以《老子》又主张，在这个时候，要修行大道，就必须用日损的方法。一天一天地减去那些虚妄的见解，从而达到一种去掉聪明而无忧的境界，才能保持自己完整的人格和本质。

儿童可以在一朵小花或者一片树叶中欣赏到无穷的乐趣，而成年人却无法长久地把自己的精神集中在一朵花或者一片树叶上。他做任何事情都会千思万虑，从来不会像赤子少年那样率性而动，并且从中得到乐趣。如果说真正的智慧是要使人的生命变得更美好，那么，孩童确实比成人更容易品尝生命的乐趣和人生的滋味。因为孩童天真单纯，成人却复杂多虑；孩童先天完整，成人后天破损。所以，《老子》教人"复归如婴儿"，《孟子》教人"常葆其赤子之心"，目的就是要人们把自己的心理或者生命返回到婴儿的纯真和朴素状态。

这个时候的心态和还没有成年时的心态，在感受上并没有多大的差别。古人说，顺生便是凡人，逆修可成神仙。只要能够从复杂变成单纯，便是在"损"，在走向完整。而赤子心会失去而走向聪明，但从聪明复归于赤子的状态则就不会再失去了。

第四章
做个懂得生活的人

　　真正通达的人，无论是富贵还是贫贱，他们对待生死的态度都是一样的。真正懂得生命的人，绝对不会把自己的生命浪费在那些虚幻不实、妄想浮夸的事情上。

思想与检点

人类个体在进入群体的时候，必须摆正自己的位置。也就是说，自己的言行举止一定要符合自己的身份，这样才叫做得体。言行举止得体的人，自然会得到大家的认同，从而过一种正常人的生活。举止言行一旦不得体，就会被大家所轻视和排斥，也就很难实现自己人生的意义了。所以，得体不得体是一个人能否正常生存的前提条件，不得不慎重考虑。

怎么才能得体呢？就是要时刻检点自己的言行举止，以便能够始终保持与自己的身份相适应。不过，人们在无事可做的时候，往往会因为无聊而生出种种的妄想杂念，自然要分散自己的精力和思想，从而放松对自己言行举止的检点，也许会做出违背自己身份的错事来，将来后悔也来不及了。所以说，一个人在闲居的时候最要把自己的心收住。坚定了信念，便能克服无聊的空虚，反而会为有事时提供一点补充和休息来。

人在忙碌的时候，因为手忙脚乱，所以又会变得粗心大意，脾气暴躁，不能冷静地思考问题。这样一来，往往会出现判断失误，反应不上，或者顾此失彼，无法应付全面的工作，有时甚至会做出导致终生遗憾的事情。这时，我们如果能够反思一下，觉察到自己情绪的浮动，脾气的烦躁，然后静下心来，安定情绪，便不会将事情做错了，自然也不会得罪他人了。

人最容易犯错误的时候，就是在得意的时候。李白在得意的时候则喜欢饮酒，孟郊在得意的时候，是"春风得意马蹄疾，一朝看尽长安花"。酒喝多了要乱性，一朝就把长安花看尽了，则未免领略不了真正的美丽了。所以，得意的时候最需要谨慎。一般来说，人在得意的时候，容易过高地估计自己，总觉得自己是天下第一，站在了事业的顶峰，而将他人贬得一文不值。

然而，成功与失败都是相对的，绝对没有一个人会永远得意的。一旦得意，就会做出与自己身份不符的事情，也许暂时没有什么人敢出来反对你，但总有一天时机成熟了，别人就会把你推翻的。所以，为了自己能够较长久地保持那种成功的喜悦，最好的办法是反省一下自己有没有骄傲自大、故作矜持的颜色和面孔。越是在得意的时候，越是要言行谨慎，绝对不容许自己的心中生出骄慢的念头，否则不但无益于自己的进取，反而容易招祸。

同样，在一个人失意的时候，也最容易灰心丧气，怨天尤人，认为老天不公平。为什么专门要让我怀才不遇、报国无门、走投无路呢？怨天还好说，因为它不是一个具体的对象，所以抱怨它似乎并没有直接的危害。尤人就麻烦了，自己心里不好受，对方知道了肯定也会记恨在心，并且对我们不利。

所以，一旦我们失意的时候，就应该反省一下自己是不是有一种怨天尤人的情怀。如果有，就赶快调整自己的心理。因为失意的原因无非是自己的努力不够，或者说客观的条件还不成熟，与老天和他人根本没有关系。如果是自己不够努力，哪有什么好怨的呢？如果是客观的条件还不成熟，那埋怨又有什么益处呢？

我们每天都在积累学问，目的就在于使我们的人格更成熟，生命更圆满，所以就必须心地清闲而无妄念狂想。身虽忙碌而无浮气躁情，得意的时候不会骄傲矜夸，失意的时候不会怨天尤人。这样，我们的言行举止才会得体，生活才会幸福。

名利与生死

人生活在社会中，最喜欢的就是名利，古往今来多少的豪杰志士，都是在名利二字上消磨了青春年华。他们甚至耗费了毕生的精力，也最多只落了一个空名而已，因为利益是一点都带不走的。我们周围的众人，又何尝不是如此呢？一般的市井小民看不破"利"字，正如那些英雄豪杰们放不下"名"字一样。他们会说，正是因为世界上有名利二字，才带来了社会的发展和进步，促进了人生的繁荣和多姿多彩，所以为什么不让人去追逐名利呢！

这话也不错，我们并不认为名利不好，也不说追逐名利不对，因为正是对名利的追逐，才会使我们感受到淡泊名利的潇洒和自在。名利的追逐也是一种真实的生活，有着一定的现实意义。但有的人过分贪婪，不择手段，害己害人，尔虞我诈，逞才斗气，无尽烦恼，等争取到了名利，却又不知自己到底能够保留多久，心里还是烦恼。

名声加在身上，满足的只是一种感觉，感觉的东西却是容易消失的；利益进入腰包，受用的只是欲望，欲望却是永无止境的。名声就好像那动听的歌声，听过去便无声无响了；利益便犹如这今日的衣食，消费了还要不停追求的。欲壑难填，永不满足，所以要殚精竭虑，永远不得喘息，直到痛苦地死去为止。其实，真正的快乐或者幸福，并不在于名利二字上。而追求名利所付出的代价和备尝的痛苦，远比得到的快乐要大得多，并且是短暂易失的。

总之，追逐名利如果能够顺其自然，不牵挂于心，得之则不骄，失之则不忧，权当游戏人生，也许还有不少的快乐。智者看透了这一点，宁愿求取心灵的自由和潇洒，也不愿成为名利的奴隶。参透了这一关，对于人生的历程来说，才是一个小小的休息，从而会补充较大的能量，生活得更幸福。

人的一生，最害怕的就是死。面对生死关头，没有人不心怀恐惧的。因为怕死，所以就会被他人用死来胁迫，就会变节投敌或者改变初衷，甚至会苟且偷生。因为贪生，宁可不要人格，违背本性，丧尽天良，坏事可以做绝。为了不死，人们便谨小慎微，瞻前顾后，畏首畏尾。可以说，人类生活中的一切，都是为了达到生而不死的目的。衣食住行是为了自身的生存，爱情婚姻是为了传宗接代，为的是大我的生存。而衣食住行和爱情婚姻中的烦恼和艰难，又占到了人生痛苦总量的百分之九十九。

可见，这个生死关如果解决了，人生就会减少几乎是全部的痛苦和烦恼。仔细思量一下，我们没有出生之前又何曾有过恐惧呢？死了以后与未生之前又有什么不同呢？大自然的春夏秋冬四季更替，与生死轮回又有什么区别？也正因为它们没有任何留恋和执著，所以没有痛苦和烦恼，因而才是真正的大自然。

当然，人非草木，孰能无情！我们可以自豪地说，我们人类有心有意识，所以才会有烦恼和生死。这是进化，说明我们是宇宙的灵长。这话不错，宇宙发展的规律就是生和死。由生到死，由死到生，是一个循环，就仿佛昼夜的交替和季节的转变一样，没有什么区别。只是人类在生的时候有了意识，便形成了贪生怕死的心理，所以才会有痛苦的感受。

可见，这生和死全在于人心的生灭，如果我们在心里看透了生死关系，心中没有了生灭的概念，自然也就没有生死可言了。

个性与修养

人类的个体数以亿计，但却各式各样，自有特色，原因就是各人都承担着自己一定的社会角色。尽管他们的个性千差万别，但在进入社会交往的时候，却必须拿出能够被大家所接受的与自己身份相吻合的行为来。能够做到这一点的，可以说就是圣贤之人了，而儒家为之奋斗的目标就是让天下人人可以为尧舜。不过，圣贤毕竟是少数，所以才希望大家都去做，否则就没有这个必要了。正是这种真实的生活，才形成了一个物以类聚、人以群分的局面来。

那些心地浮躁的人，心意没有一个专注和固定的地方，自然对任何事物都无法深入细致地进行观察和了解。不能够深入其中，就难以出乎其外，绝不会有深沉切实的见解，最多是浅尝辄止。比如掘井，已经到了离水源只有一尺的距离，浮躁的人往往还会做出这里无水的决定，重新另去挖掘，结果是永远得不到真正的水源。

而遇到事情就畏难怯苦的人，只会随着别人的后面走，为的是避免犯下错误。人常说，人非圣贤，孰能无过！也许犯错误就是人类的生活意义！当他知道自己犯了错误的时候，说明他已经意识到了正确的东西。只要能不再犯同样的错误了，就是进步了。至于那些畏首畏尾的人，虽然不会或者少犯错误，但绝对只能是一个平庸的人，也当然不会有超越众人的见解。也许，这才是一个最大的错误。

每个人的口味不同，比如有的爱吃咸，有的爱吃醋。常见别处的人要嘲笑我们山西人爱吃醋，当然这里边是有意味的。其实，吃醋也许是件好事情，医学也证明了吃醋多的人会减少许多病症。但是任何事情都是相对而言的，如果嗜欲太重了，简直成了个醋坛子，反倒不好了。现实生活中的事情，也如同人的口味一样。嗜欲太重了，对什么都要执著，临到紧要关头，他自己什么都不肯舍下，又怎么会为了事业或者理想去慷慨赴义呢！自己的事业都可以背弃，又岂能在朋友或者关键时刻慷慨大度呢！

好在口头上议论事情的人，他的着眼点只在如何去说上面，往往注重的是那些舌辩的技艺，而不是如何去认真地执行。因为他所做的远不及他所讲的，怎么可能指望他把每一件事情都做好呢？

至于那些勇力过盛的人，什么事情都喜欢用拳头和力气去解决，多是草莽英雄。而文学需要的是细腻的心思，微妙的灵感，才能算是风流儒雅。崇尚勇力、心气较粗的人，很少能够具有文学雅士所具有的雅量和潇洒。

由此可见，多躁、多畏、多欲、多言、多勇都不是一个良好的形象，应该再加以沉潜、卓越、慷慨、笃实、文雅，才会本分得体，成为一个完美的人。

放肆与矜持

所谓放肆，指的是性情的开放和心意的恣肆，是相对于礼数和规矩而言的。所有的礼数与规矩都是制定出来让人相处的，它们是维护社会正常秩序的准绳。倘若是彼此之间都有真性情，那又何必用什么礼数和规矩来约束行为，加以限制呢？也就是说，在真正的朋友之间是没有放肆不放肆这一说的。

但是，一般的人总以为只有与朋友在一起饮酒高歌，才能见出自己的真性情流露，事实上真正的性情岂止在于饮酒高歌呢？山间的小路上，弯弯的小河边，哪里不是坦露情怀的地方？什么又不是放松心情的方式呢？如果没有什么真性情，却非要在那嘈杂的人群中大碗饮酒，大声吼叫，不仅处不好感情，反而只见到他的越礼和没有规矩的行为而已。

庄重自持也是一种好的性情，有了也固然不错，没有了也不见得就不好，都是因人而异。明明是荆钗布裙就非常得体称身，却非要穿上一身贵夫人的环佩锦绣。不仅不会得体，反而会失却了本真，就像那个效颦的东施一样。任何事情，包括故作庄重，如果失却了本意，只图做给他人看样子，那便只会让人感到矫揉造作，心中作呕。但是，如果一个人只会在大庭广众面前做矜持，那么他或者她一定是在表演卖弄，而其背后一定有着一种不可告人的目的。

世上的事情万万千千，五彩缤纷，其实都不过是过眼烟云，昙花一现。看不透的人，会被那种种色彩所迷惑，从而不停地追求寻觅，越陷越深，最终被它们所拴缚，难以自拔。如果看得透彻了，什么东西都是一样的，三十年河东，三十年河西，哪里有什么绝对的是非、善恶、荣辱、苦乐呢？即使是那盖世的功名又能怎么样呢？苏秦怎么样？李斯怎么样？历代历朝的开国元勋又都怎么样呢？也都不过是百年一场戏，翻来又覆去。一将功成万骨枯，成功之将又何如！

人若是要活得实在些，就会安分守己地做自己力所能及的事情，必然不会太过于执著功名。即使是那些志士仁人，他们所追求的也无非是为天下百姓谋幸福，自然不会去计较个人的私名了。

真正懂得生命的人，因为自己当下的感受才是最最重要的。既然幸福只是一种感受，所以他们绝对不会去把自己的生命浪费在那些虚幻不实、妄想浮夸的事情上，也不会为那些毫无意义的壮志激情来束缚自己的身心。他们的生活就在这个世界上，认认真真地安守自己的本分，随时随地都能保持着最愉悦的状态，而不为那些俗人所谓的人情世故所扰乱。知足者常乐，就因为他只是认真地做他自己的事情，并在一种创造的状态下领略通过劳动所带来的美感！

拿得起与放得下

一个人在处世中，拿得起是一种勇气，放得下是一种肚量。对于人生道路上的鲜花、掌声，有糊涂智慧的人大都能等闲视之，屡经风雨的人更有自知之明。但对于坎坷与泥泞，能以平常之心视之，就非常不容易。大的挫折与大的灾难，能不为之所动，能坦然承受，则是一种胸襟和肚量。

在人生的旅途中，一个人如果喜欢把自己所遇到的每件东西都背上，身上负重,这样就会感觉到非常的累,保证不了哪天会因身负如此沉重的东西而停止不前或倒地不起。在车站,我们看到走得最累的是那些背着大包小包的人。这就告诉我们一个道理:"只有携带越少才会越超脱;一个人越是淡泊精神就越自由。"

宋朝的吕蒙正,被皇帝任命为副相。第一次上朝时,人群里突然有人大声讥讽道:"哈哈,这种模样的人,也可以入朝为相啊?"可吕蒙正却像没有听见一样,继续往前走。然而,跟随在他身后的几个官员,却为他鸣起不平来,拉住他的衣角,一定要帮他查出究竟是谁如此大胆,敢在朝堂上讥讽刚上任的宰相。吕蒙正却推开那几个官员说:"谢谢你们的好意,我为什么要知道是谁在背后说那些不中听的话呢?倘若一旦知道了是谁,那么一生都会放不下的,以后怎么安心地处理朝中的事?"

吕蒙正之所以能成为大宋的一代名相,其根源正是他有能"放下一切荣辱"的胸襟。

这就是拿得起放得下。正如我们人生路上一样,大千世界,万种诱惑,什么都想要,会累死你,该放就放,你会轻松快乐一生。

一个青年背着个大包裹千里迢迢跑来找无际大师,他说:"大师,我是那样地孤独、痛苦和寂寞,长期的跋涉使我疲倦到极点;我的鞋子破了,荆棘割破双脚;手也受伤了,流血不止;嗓子因为长久的呼喊而喑哑……为什么我还不能找到心中的阳光?"

大师问:"你的大包裹里装的什么?"青年说:"它对我可重要了。里面装的是我每一次跌倒时的痛苦,每一次受伤后的哭泣,每一次孤寂时的烦恼……靠着它,我才能走到您这儿来。"

于是,无际大师带青年来到河边,他们坐船过了河。上岸后,大师说:"你扛了船赶路吧!""什么,扛了船赶路?"青年很惊讶,"它那么沉,我扛得动吗?""是的,孩子,你扛不动它。"大师微微一笑,说:"过河时,船是有用的。但过了河,我们就要放下船赶路,否则,它会变成我们的包袱。痛苦、孤独、寂寞、灾难、眼泪,这些对人生都是有用的,它能使生命得到升华,但须臾不忘,就成了人生的包袱。放下它吧!孩子,生命不能太负重。"

青年放下包袱，继续赶路，他发觉自己的步子轻松而愉悦，比以前快得多。

原来，生命是可以不必如此沉重的。能够放弃是一种跨越，学会适当放弃，你就具备了成功者的素质。

人生苦短，每个人都会有得意、失意的时候，世上没有一条直路和平坦的路，又何必痴求事事如意呢？如若烦忧相加、困扰接踵，对身心只能有害无益。

我们应该保持心静如水、乐观豁达，让一切随风而来，又随风而去，且须从心底经常及时剔除，心房常常"打扫"，方能保持清新亮堂。正如我们每天打扫卫生一样，该扔的扔，该留的留。心灵自然会释然，继而做到，胸襟开阔，积极向上，在人生之路上走得更潇洒。

有一首流传非常广泛的谚语："为了得到一根铁钉，我们失去了一块马蹄；为了得到一块马蹄铁，我们失去了一匹骏马；为了得到一匹骏马，我们失去一名骑手；为了得到一名骑手，我们失去了一场战争的胜利。"

为了一根铁钉而输掉一场战争，这正是不懂得及早放弃的恶果。

生活中，有时不好的境遇会不期而至，搞得我们猝不及防，此时我们更要学会放弃。

诗人泰戈尔说过："当鸟翼系上了黄金时，就飞不远了。放弃是生活时时处处应面对的清醒选择，学会放弃才能卸下人生的种种包袱，轻装上阵，安然地对待生活的转机，度过人生的风风雨雨。"

智者曰："两弊相衡取其轻，两利相权取其重。"

古人云："塞翁失马，焉知非福。"选择是量力而行的睿智和远见，放弃是顾全大局的果断和胆识。

人生如戏，每个人都是自己生命唯一的导演，只有学会选择和放弃的人才能够彻悟人生，笑看人生，拥有海阔天空的人生境界。有个人刚刚参加了一个特别的葬礼：一位在某医院工作、年仅二十多岁的女孩，由于长达五年的恋爱失败而自杀，那个女孩不仅生得美丽善良，孝顺父母，而且有着令人羡慕的稳定工作。在沉痛的哀乐声中那个人泪流满面，女孩的白发苍苍、心力交瘁的老父老母更是痛不欲生，生前的亲朋好友也都低声哭泣为之惋惜。那个女孩在人生的转折处作了一个错误的抉择：她选择了在痛苦中静静地离去，在静静的离去中摆脱痛苦，然而，这个女孩的这种做法却给活着的亲朋好友留下了更多的痛苦。

其实，如果她能看得开，能够放下心头的这个包袱，事情也许会是另外一种结局。人生为何不看开一点呢？

在许多时候，我们都会讨论一个共同而永久的话题："人的一生该怎样才能够让自己拥有快乐？"从乡野莽夫到名人圣贤，各个阶层、不同经历的人都会有各自独特精辟的观点："有的人会以舍生取义精忠报国为乐；有的人会以不断进取来实现自己的理想为乐；也有的人会以不择手段来满足一己之欲为乐……"其实一个人要想获得真正的快乐，只有卸下装在身上的包袱，只有用心来体验的快乐才是真正的快乐。

尽管人生短暂但却如此的美妙和精彩，那就让我们的身心减少些包袱，让我们热情地去拥抱生活，让我们学会用心去采集人生道路上的激情浪漫，让我们懂得用心去玩赏人生道路上的快乐之花。如此这般，我们的人生将会变得绚丽多姿！我们的人世间将会充满幸福和快乐！

生活中，你遇到越多的诋毁和指责，有时反而更能证明你自身的价值。每一个前进的人都会受到阻拦，这是社会的游戏规则，也是人性。银幕硬汉施瓦辛格竞选州长时，也面对了各种刁难和中伤，可他选择了放弃很多为自己辩解的时机，这样反而更增加了他在选民中的人格魅力，赢得了更多的信赖和支持，并最终获得了胜利。

不但竞选是这样，并且现实生活也是如此。自己想做什么事，就一心一意地去实现它。对出现的阻挠，不要介意，把它们当作生活中的琐屑之事，停一停，摆一摆，暂时卸下这些包袱，让自己放松一下，这样就会风平浪静，一切就会过去。选择放弃成就了施瓦辛格，其实，放弃不只是一种豪气，也是更深层面的进取，又何尝不是一种生存的智慧呢？

参考文献

[1]阿龙.学会涵养心性的小窗幽记[M].北京:华夏出版社,2012.

[2]老泉.左手增广贤文,右手小窗幽记[M].北京:中国城市出版社,2010.

[3]陈继儒.小窗幽记解读[M].合肥:黄山书社,2007.

[4]陈桥生.小窗幽记正宗[M].北京:华夏出版社,2012.

后　　记

　　《小窗幽记》分醒、情、峭、灵、素、景、韵、奇、绮、豪、法、倩12卷，计1500余则，是一部纂辑式的清言小品集。以"醒"为第一，在"趋名者醉于朝，趋利者醉于野，豪者醉于声色车马"之时，无异于醍醐灌顶，一声棒喝，还原出一个本真的自我来。所以"醒"后言"情"，令千载向慕；"醒"后能"峭"，卓立于千古；"醒"后获"灵"，百世如睹。一番洗刷之后，方能悟得"素"趣，会得佳"景"，品人生之"韵"，显生命之"奇"。其"绮"也，能尽红妆翠袖之妙；其"豪"也，能为兴酣泼墨之举；其为"法"而超越于世"法"之外，其赏"倩"而不限于一般"倩"意。故罗立刚先生称，清醒之后，经此一番洗礼，真个是俗情涤尽，烦恼皆除，人生的价值才真正显现了出来。幽窗青灯，潜移默化，灵魂得以纯净，那小窗之"幽"，正是一种惊喜，更是超越后的清闲和孤独。

　　《小窗幽记》被誉为处世格言书，历来为有识之士所青睐。书中几乎每一句话均可视为警世、醒世之名言，蕴含着博大精深的人生哲理，极富人生真昧；于微言中总结了坎坷人生的诸般经验。如何免遭灾祸，如何规范行止；生活的方法，处世的良策，均有详尽论述。本书将其精华之语结合经典事例，对其涵盖的立德、修身、读书、为学、立业等人生话题作了精辟阐释和论述，堪称现代人最佳的人生指南、为人处世的必备宝典。

　　陈本敬《小窗幽记叙》中评价道："泄天地之秘籍，撷经史之菁华，语带烟霞，韵谐金石。醒世持世，一字不落言筌；挥尘风生，直夺清谈之席；解颐语妙，常发斑管之花。所谓端庄杂流漓，尔雅兼温文，有美斯臻，无奇不备。"醒世，是要你看透人生生命；持世，就是要以此而穿透世事、不落腐俗。相较之下，文学是辅，说理才是主，善读此书者，当反复思量其为人处世之道。随着社会的快速发展，滚滚红尘中，欲求之心旺如炭火，往往不能把持，人们越来越多地感叹做事难，做人更难，《小窗幽记》可以为我们提供一些参照与思考。清风明月，倚枕西窗下，捧卷读来，人生烦恼，可以渐渐冰释。